极简宇宙史

带你遨游宇宙，讲透宇宙的一生

（英）西蒙·纽康◎著　汪彦宇◎译

A brief history
of
the universe

江西美术出版社
全国百佳出版单位

图书在版编目（CIP）数据

极简宇宙史 /（英）西蒙·纽康著；汪彦宇译. —
南昌 ：江西美术出版社，2018.11
ISBN 978-7-5480-6575-3

Ⅰ. ①极… Ⅱ. ①西… ②汪… Ⅲ. ①宇宙—普及读
物 Ⅳ. ①P159-49

中国版本图书馆CIP数据核字（2018）第256794号

出 品 人：周建森
责任编辑：陈　军
责任印制：谭　勋

极简宇宙史
（英）西蒙·纽康　著　汪彦宇　译

出　　版：江西美术出版社
地　　址：江西省南昌市子安路 66 号
网　　址：www.jxfinearts.com
电子邮箱：jxms163@163.com
电　　话：0791-86566274
邮　　编：330025
经　　销：全国新华书店
印　　刷：三河市金元印装有限公司
版　　次：2018 年 12 月第 1 版
印　　次：2018 年 12 月第 1 次印刷
开　　本：710 毫米 ×1000 毫米　1/16
印　　张：18.25
书　　号：ISBN 978-7-5480-6575-3
定　　价：49.80 元

目录

第八章
寻觅地外文明

第一章

天体的运行

第一节　我们的星系

在讲述整个天文系统之前，为了对这个世界有更加宏观、系统、全面的认知，就让我们站在自我之外，像灵魂出窍一样，去大胆想象一下：好比你有特异功能，能够以上帝视角来观看人类世界，现在，你处于整个空间遥远的一点，远远地观望这个空间，具体有多远呢？若用每秒 30 万千米的光速来测算，你所站立的位置，大概需要 100 万光年才能到达。这是怎样的一个概念？要知道，光绕地球七圈半，用时也才不过 1 秒。

你所在的那个点，如此遥远，又如此空旷。周围没有一丝光亮，完全笼罩在一片密不透风的黑暗中。在那个广袤孤独的空间里，突然，你搜索到一点特殊的存在，它是一片类似于微云的光亮，尽管它微弱得犹如晨曦，渺小得犹如光斑，但它在黑暗中格外耀眼。你再凝神一看，发现在其他方向，也隐约有类似的光斑，不过那些光斑离我们更加遥远。现在，我们就来说说你最初看到的那块光斑，也就是"我们的星系"。

究竟需要多快才能到达那片光亮呢？我们不得而知，但是可以做一个大胆的假设，如果你预定在一年内"飞"到那里，那么你飞翔的速度要比光速还快 100 万倍才行。至少在人类已知科学的基础上，这是不可能的，因为科学告诉我们，光速是世上最快的速度。不过在我们的思维里，可以假设你正以比光速还要快的速度靠近那个光斑，你会发现，我们越靠近它，它的光亮就越明显，逐渐蔓延开去，填满你的视线，将一片漆黑丢在你的身后，将一片光亮呈现在你的面前。

光亮越来越近，你打算朝着其中一颗星星飞去。它并不大，在璀璨光云里它是那样普通，你放缓速度，慢慢朝它靠近。一开始，它微弱的光斑舒展开来，逐渐明亮起来；随后，它像烛火一样有些耀眼；然后，它的光芒能投射出影子来；紧接着，那光线竟然能够照亮书本上细小的字迹；最后，它变得璀璨夺目，光芒耀眼。你继续朝它飞去，渐渐能感觉来自它的热量。它看起来就像是一个小太阳，啊！正是啊！它正是太阳啊，那个给予我们温暖和能量，离人类最近的恒星——太阳啊！

你无法丈量这偌大的空间到底有多大，它只用那无边无际的黑暗作答。即使你以100万倍光速飞向太阳，但你仍然离它很远，用人们常说的距离描述，大概有几十亿千米那么远吧。而当你在所处的位置看向太阳，你会发现它并不孤独，因为在它的周围环绕着8颗星状光点，那8颗星星远近不一、大小相异，离太阳最远的一颗，比离太阳最近的一颗远上80倍。当然，若你用比自己生命还要长很久的时间去观察它们，你就会发现，它们都在以自己的速度围绕太阳运转，最快的一颗星星，只需要3个月便能转一圈，而最慢的一颗要165年才能转完一圈。这8颗星，就是太阳系中的8颗行星。而区分行星与恒星的方法是：恒星本身能发光，而行星本身是黑暗的，只能依靠恒星获得光亮。

围绕着太阳的这8颗行星在各自的轨道上运转，我们可以想象自己飞向了由近及远的第三颗行星，就好比一次远道而来的探访。我们离它越近，就越能感受到它的光亮，以至于后来，我们看到它悬挂在远方，犹如现在我们看到的月球一样，它一半隐在黑暗中，一半被太阳照得闪耀。我们继续朝它飞去，越来越近，它被太阳照亮的部分被逐渐放大，我们可以看到这颗行星表面的许多斑点，随着我们离它越来越近，哦，那不是斑点，而是陆地和海洋，虽然它们大半部分被云遮蔽，以至于我们没办法看到完整的表面，但是我们还是能看到这颗行星的暗面，除了陆地和海洋，还有许多暗的建筑物和耀眼的光点，而这正是我们人类的杰作，它们是不眠不休的城市和五光十色的霓虹灯。我们朝着它继续飞去，离那些熟悉的建筑物越来越近，直到我们置身其中，双脚着陆，而此刻，也预示着我们，从广袤的宇宙中回到了人类赖以生存的家园——地球。

其实我们在飞行的过程中，经常会随着距离的变化，发现之前不能被肉眼所看到的星球，它们发出光芒，可是再近一些我们会发现，它们本身并不能发光，只是一些不透明的球体，而地球，正是这些星球中的一个。

若回顾一下这次飞行之旅，你一定会感到妙不可言，因为这让你看清了一个事实，那就是在漆黑的暗夜里，那些成千上万的星星其实都是"太阳"级别的星球，甚至我们可以说，太阳在那些看似渺小的星星中，其实是微不足道的。或许你看到太阳很大，但那只不过是因为你离太阳很近，实际上，在那些渺小如针眼的星星里，还有很多星星散发出来的光与热，比太阳高千倍万倍。

这次太空旅行告一段落，我们所看到的一切，就是我们所要讲述的星辰系统。正如我们朝着地球飞行所看到的一样，我们越靠近地球，眼中所见的景就越接近我们平时站在地面上所看到的样子。我们飞过的星辰，都成为地球上所看到的散布天空的星星。实际上，我们站在地球上去看整个天空，与站在某一个遥远的地点去观测是有很大差别的。因为当人们站在地球上时，太阳的光芒是如此耀眼，它的万丈光芒足以掩盖住遥远星辰微弱的光，这便是白天我们看不到星星的缘故。可是如果想象一下，将太阳的光芒遮住，我们就能看到，在我们的四周布满了其他星辰，即使是在白天，我们也能如同夜晚一样看到星星，就像很久以前，我们的祖先所臆想的那样，地球位于宇宙的中心，四周散布着其他星辰。

太 阳 系

宇宙中的星系，大多是以一颗主星为中心，其四周围绕着许多其他的星星。我们所居住的太阳系也是这样，以太阳为中心，周围围绕着包括地球在内的行星。其实太阳系在宇宙中并不算大，我们可以这样来想象，即使从太阳系的一端飞到另一端，我们眼中所看到的宇宙的景象依然不会有变化，在太阳系的周围，仍然包裹着漫天的星星和无边的黑暗，我们所看到的宇宙中的星星，与我们站在地球上所看到的差不多，它是如此硕大，而它又是如此渺小。

其实，想要更加具体地感知太阳系的范围，我们可以充分发挥想象。当然，我不会用枯燥无味的数字让你做概念化的记忆，因为人们对于过大的数字其实并没有多么直接的感受。接下来，就让我们来做一个宇宙的模型，来帮助大家对太阳系做一个具象的感知。假如我们拿一粒芥子来充当地球，以这个比例来计算宇宙中其他的星星，那么月球便是一个直径只有芥子四分之一大小的星球，我们把这个代表月球的四分之一芥子，放在代表地球的芥子 2.5 厘米的地方，然后在离地球 12 米的地方放一个苹果来代表太阳。而太阳系中的其他行星，大小不一，距离不等，它们小到如微尘，大到如豌豆，它们离太阳近到 4.5 米，远到 360 米。将这些模型都放好了之后，我们就可以想象，这些小东西都围绕着太阳公转，当然，公转的周期并不相同，它们长年累月围绕着太阳，以自己的速度旋转着，而月球则围绕着地球旋转着，月球旋转的周期是一个月一圈。

以这个比例来计算，整个太阳系也不过只需要 2.6 平方千米大小的空间就能容纳了，在太阳系以外的空间里，除了彗星有可能在边界之上，几乎没有其他的星星在附近。我所说的附近指的就是即使以此比例，即使我们跑出比美洲更宽广的范围，可能也一无所见。而那颗星星也和太阳一样，可以用一个苹果大小来代表。在更远的地方，各个方向都有许多星星，而它们与太阳之间的距离，都十分遥远，比刚刚那颗离太阳最近的星星还要遥远。如此看来，即使把地球模型缩小到一粒芥子那么大，也很难容下三颗以上的星星了。

这个模型一旦建立，我们就有很具象的感知和认识了。可以想象，当我们飞行在宇宙中，无论多么细心，肉眼都无法看到像地球一样的小东西，它就好比是密西西比河流域里的一粒芥子，人们从它上方飞过，是不可能看到它的。而且，即使是太阳系的主星太阳，也不会引起人们的注意，因为除了在一旁驻足停留，谁会注意到这个苹果大小的东西呢？

第二节　天体形貌

　　由于星辰之间的距离如此遥远，而人类的肉眼还不够强大，这就使得人们对于宇宙的大小、形成很难一目了然，更不用说目测这些天体之间的距离了。如果人类的视力强大到可以看到无限远，而又能无限清晰，那么我们就能看到不同星辰的面貌了，它们的表面有着怎样的地貌，它们有着怎样的形状……那么宇宙也将在这种情况下"现出原形"。

　　其实道理是一样的，如果我们离地球很遥远，具体有多遥远呢？或许只需要站在它直径一万倍的地方，肉眼就看不到地球的大小了，只能看到一个点，就像我们在夜空中看到的其他星星一样，它一闪一闪，发出微弱的星光。正是因为人眼的局限性，使得古人们认为，天空中所看到的星星就是它们本身的样子，而我们的地球是和它们不一样的。这并不能责怪古人，因为在当时，科学技术并不发达，他们无法观测到那些星星真实的样子，就好比一个从未学习过天文学的孩子，他看到夜晚的星空，也会像古人一样，认为那些星星是分布在天空的一个等距离位置，他无法想象，这些恒星比行星要大上千万倍。随着科技的进步、数学的发展和逻辑的发达，人类逐渐能够知晓许多星星的真实面貌和实际距离，但是人们脑海中还是很难绘制出一幅真实存在的星空关系图，因为这些星星之间的距离实在是太大了，以至于这样巨大的尺度差异超越了人们的想象。所以，我希望读者们能够紧跟着我的思路，把我们双眼看到的情况与实际星空的情况用最简洁的方式表达出来，这需要我们的想象力，也需要我们的逻辑构建。

　　现在就让我们大胆想象一下，假如脚下的地球是不存在的，我们飘浮在宇宙之中而毫无着落，环顾四周，我们能看到什么情形呢？可以推测的是，在上下左右各个方向，围绕着太阳、月球、星星、恒星各种天体，我们无法判断它们的方位，而且也看不到其他的东西，因为在我们眼中，这些星星都是等距离的。

若以此假设，我们将会错误地认为自己正处于宇宙的中心。为什么呢？那是因为，我们的视线所及是有限的，以我们自己为中心，以等距离望向空洞的空间时，所有的可见物都将会位于一个空洞球体的表面，而我们看到的成千上万的星星都似乎散布在一个球体的表面，这个球体便是早时天文学家们所谓的"天球（celestial sphere）"，人们在这个天球上研究各个天体的方位，并不是没有道理的。

如果没有地球为参考物，我们会看到，天球上所有的天体都停止了运转，不过如果我们用一段时间去观察，一个星期，或者更长时间，就会发现，一些恒星正在围绕着太阳慢慢运转。当然观察结果与天体各自的情形有关，所以古人推测出了一个嵌套理论，那便是：大天球是由一种异常坚固的水晶构成的，而这些天体都被牢牢地钉在天球表面，并且它们之间存在一些联系。如此一来，这种理论似乎与人们看到的实际情况是完全相符的，并且以之来表述天体之间的距离似乎并没有什么毛病。

以此概念为前提，再来想象一下，如果我们脚下的地球仍然存在，虽然它在宇宙中十分渺小，但是对于人类来说还是十分庞大的，毕竟当我们站在地球之上时，就好比是站在西瓜上的蚂蚁。因此，我们所能看到的宇宙将会被地球表面遮住一半，我们所能观测到的宇宙边界，则被称为地平线，在地平线上所能看到的一半天球，则被称作"可见半球（visible hemisphere）"；反之，地平线以下，看不到的那一半天球则被称为"不可见半球（invisible hemisphere）"。如果我们想要完整地观察整个天球，倒是可以通过环游地球的方法来实现。

如果地球不自转，或许正如上面所说，人们需要周游地球来观察另一半天球。可是众所周知的是，地球一刻不停地绕着一根通过它中心点的轴线旋转着，如此一来，我们只需要跟随着地球的自转，就能看到整个天球。也正是因为地球由西向东自转，所以我们便看到天体的东升西落。我们将地球的自转以及因为地球自转而发生的天体视运动称为"周日运动（diurnal motion）"，之所以这么称呼，是因为地球的自转周期为一天。

永恒的天体运动

理解地球自转并不难，而由地球自转引起的天体周日视运动就要复杂得多。我们知道，当一个人站在地球的不同经纬度时，他所观察到的天象是不同的。因此，为了将地球自转与天体周日视运动之间的关系表达出来，我们选定一个固定的位置，以地球北纬中部地区为例，来进行详细的解说。

首先，我们可以用一个空间来表示天球，想象一个直径 10 米左右的大圆球，它的内部是空的，这个微缩版的天球模型，我们用图 1 的示意图来表示，这个大球的两端 P 和 Q 是固定不变的，如此，大球就能围绕着 PQ 这条中轴线旋转。大球的中心点 O 代表着地球，而 NS 所代表的平面就好像是一个盘子，人们在这个盘子上端坐着，能够看到盘子之上大球内部的景象，在大球的内部和表面，是成千上万的星座，而在盘子的下方，则是被地球挡住的"不可见半球"，显然，这个像盘子一样的平面，正代表着地平面，而它与天球的交线，即为地平线。

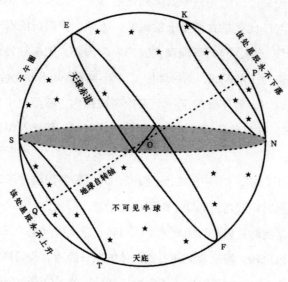

图 1 天球示意图

现在，就让我们来假设一下，大球将会以 PQ 为轴线转动起来，这其实是模拟了因为地球自转而看到的星辰视运动。我们可以发现，在 PN 圈以上的星星会围绕着 P 点等距离旋转，永远不会到地平线以下；而在 KN 到 SK 之间的星星，将会随着运转，时而可见，时而沉没不见；位于 EP 圈上的星星，恰好位于 PQ 的中垂面上，它们的旋转轨迹盘上盘下各占一半；而位于 ST 圈内的星辰则永远也不会旋转到盘上来，这就代表着，我们将看不到这些星辰。

其实，天球正如这个模型一样，只不过它更大，大到超乎我们的想象。不过天球的运转规律的确是这样，以一条直线为中轴线毫不停歇地旋转，日复一日，年复一年，而且，太阳、月球、星星也跟着它一同旋转，不过，有趣的是，这些星辰就好像是被钉在这个天球上一样，它们的位置是固定的，人们在观看星星运转时，就好像在观看一场阅兵仪式一样。因此，如果你在某一天夜里站在某一个点上拍出星星的移动轨迹，那么你会发现，无论你在任何时间再在同一个地方拍出星星的移动轨迹，两张照片中，星星的轨迹都是恒定不变的。这的确是一件很有趣的事，因为它让人相信，这世上会有永恒。

天球模型上的 P 点，就是人们所说的"天球北极（north celestial pole）"。地球上大部分的居民都居住在北纬中部，因而大部分的人仰望天空时，天球北极正处于北天上，也就是天顶与北方地平线的正中。从地球由北向南观察，你就会发现，越往南方，北极就越接近地平线，而有趣的是，北极与地平线的夹角度数，与我们所在地纬度相同。

北极星，大家都熟悉，它是离北极，也就是模型中的 P 点极为接近的一颗星星。我们都知道，迷路的时候若能找到北极星，就能找到北方。这是为什么呢？因为它离北极的夹角只有 1° 多一点，而正如我们知道的，天球上星辰的轨迹是恒定的，因此，北极星所在的位置，可以代表北极所在。北极星是如此重要，因而在之后的章节中，我们会专门谈到如何去找寻北极星。

在天球北极的对面，对应着"天球南极（south celestial pole）"。天球南极到地平线的距离与天球北极相同，但是与之不同的是，天球南极永远在地平线的下方，这是因为地平线与南北极之间存在一个夹角。也正是因为这个原因，在我们的纬度上观看日出，就会发现太阳从地平面升起之后并没有一直向头顶上升，而是向南方与地平线成锐角倾斜着上升的，当然，日落也是一样，会与地平线相倾斜。

如果我们有一个大圆规，大到可以连接天界，我们将它的一脚固定在天球北极 P 点，然后以不同的半径画出各种圆圈，就会发现，最大的圆圈与地平线相交，并且互相平分，而在北纬地区，与地平线相切，越往北极靠近，越与地平线相离，于是我们将与地平线相切的这个圆圈称为"恒显圈（circle of perpetual apparition）"。也就是说，在恒显圈之内的星星，永远都在地平线之上，它们每天都会围绕着北极转动一周，但它们永远不会落下。

由北向南，在恒显圈以外的星星便开始有升有落了，而且越往南极走，会发现星星升起的时长越来越短，接近南方某一点时，那里的星星甚至只在地平线上冒出一个头就落了下去，而更下面的星星则如隐居山林了一般，人们更是看不到它们的身影。

人们把这些在我们所在纬度看不到的星星所在的位置称为"恒隐圈（circle of perpetual occultation）"，天球南极正是恒隐圈的中心。图 2 就是恒显圈内的主要星座景象，如果你想要看某一天晚上 8 点钟北天上的星座景象，只需要将适当的月份转到最上面就可以了。而之前我们提到的，如何寻找北极星在这里也找到了答案，若你看到了大熊星座的七颗星星，也就是人们常说的北斗七星，那么你只需要顺着两颗"指极星（Pointers）"的延长线，向着斗口延长 5 倍距离，就能看到北极星了。

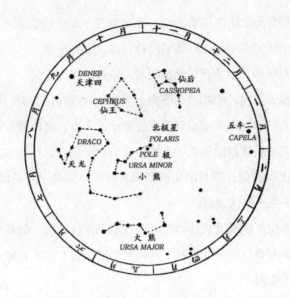

图 2　北天与北极星

　　不过，在不同纬度看到的星辰景象是不同的。可以试想一下，如果我们变换了位置，看到的天空还是一成不变的吗？答案当然是否定的。当我们从之前假想的位置向南走，就会发现，北极星的位置在渐渐下沉，越来越接近地平线，到了某一个点，我们会发现，北极星正好位于地平线上，此时，我们便位于赤道上。而恒显圈也在我们由北向南的运动中变得越来越小，直到赤道，就完全看不到了。而此时，南极和北极则分别位于南北方向的地平线上，天空的星辰景象，也都发生了变化，无论是太阳、月球，还是星辰，都将径直升起，不会发生偏转。正东方升起的星星，将会经过天顶，然后落向正西方；东南方升起的星星，将会径直上升，经过天顶南边落下，东北方的星星亦是如此。

　　从赤道继续往南走，就到了南半球，这场旅行又会有不一样的景观。我们可以看到太阳从东方升起，最高点在天顶的北方。这作为大多数位于北纬的居民来说是不可思议的，因为太阳视运动的相反，是南北半球最大的不同之处，因此，在南半球观测太阳的周日运动，就会发现，太阳的运动轨迹与北半球不同，如果说北半球的太阳视运动是顺时针方向，那么在南半球，则是逆时针方向了。而到了南半球，很多我们熟悉的北天星座就隐而不见了，但同时，我们也能看到许多南天星座，例如著名的南十字座，就因为它的绚烂美丽而令人叹为观止，甚至人们因此会觉得南天的星座要比北天多，要比北天美丽，其实不然，南天和北天的星座数量是差不多的。人们之所以会这样认为，是因为南天的天气比北天更加晴朗，并且南美洲和南非洲的气候都十分干燥，鲜有烟雾，这就会让人们产生上述的误解。

当然，北天星辰绕着北极运转的规律在南天同样适用，但是由于南天并没有南极星，南极没有什么像北极星一样具有明显标志方向的星星，因而不能据此来判断南极的位置。

当然，南极也有恒显圈，在恒显圈内的星星是永不落下的，它们始终悬挂在天空中，围绕着南极旋转，越靠近南极，看到的恒显圈越大，而此时，也就出现了恒隐圈，那便是之前我们在北纬所看到的许多星星。大概在南纬20°的地方，小熊星座就沉到地平线之下了，再往南，大熊星座也隐而不见，而当人们无限接近南极点，就会发现，所有的星星都围绕着南极旋转，不会上升，也不会沉落。

第三节　经度对时间的影响

在了解时间和经度关系之前，我们需要先了解子午圈。所谓子午圈，就是一条假想线，它连接南北两极，在地球表面呈现出一个半圆。在地球表面，有无数条这样连接南北两极的线，所以其实从哪里开始画经线都是可以的，不过国际上还是公认了格林尼治皇家天文台（Royal Observatory at Greenwich）的子午圈为计算经度的起点。这一条经线，便是许多欧美国家钟表刻度的依据。还有一点要指明的是，每一条地上的子午圈都对应着天上的一条子午圈，其实也就是地球子午圈在天球上的投影。我们还可以回想一下上文我们曾经绘制过的天球图，天上的子午线，其实就是从天球的北极向南延伸，与地平线相交，而后连接到天球南极的线。由于地球的自转，不仅仅是地球经度在跟随旋转，而且天上的子午线也在跟着一起运动，因此，如果一个人站在某一条子午线上，那么他在一天之内就能看到天上的子午圈经过他头顶上的天空。之所以人们在正午时能够看到太阳位于一天之中的最高点，也是因为它正在此时经过了你所在的子午线。因此，古人发明了日晷，根据太阳的轨迹来计时。但是现在人们若还用太阳的轨迹来计时就不太现实了，因为太阳的轨迹与钟表的时刻并不是完全一致的，这与黄道倾斜角和地球绕太阳旋转轨道的离心率有关，不是每一次太阳经过同一条子午线都是相隔同样距离的，也就是说，当你观测到太阳正位于头顶的时候，未必就是 12 点整。

为什么会这样呢？这与人们说的视时（apparent time）和平时（mean time）的概念相关。所谓视时，指的就是根据太阳而定的每日长短。所谓平时，就是根据钟表时刻而定的每日长短。这之间所形成的时间差，人们称之为时差。

如果你愿意去观测，你会发现，每年的 11 月初和 2 月中，是时差最大的时段。这是有数据做支撑的，在 11 月初，太阳到达头顶的时候，钟表还需要

16 分钟才能到达 12 点整；而在 2 月中，太阳到达头顶的时候，钟表时刻大概指向 12 点 14 分。那么既然有时差，人们又是根据什么定出平时时间的呢？

科学家为此想象出了一个平太阳（mean sun）的概念，它不以地球为参考，而是以天球为参考，假设太阳顺着天球赤道运转，那么它将在相同的时刻经过同一条天上的子午线，如此便能确定钟表时间了。或许我们还可以将它简化，那就是假设地球是静止的，那么，平太阳经过地球每一条子午线的时间便是相同的了。如果我们这样去想，就更加容易理解了。

标 准 时

如今，各地都有标准时，全球旅行不再是问题。而在过去很长一段时间里，人们各自使用着地方时，不同国家的交通运输，例如火车、汽车的发车时间，都是按照本国地方时来定的，这就给许多经常穿梭于各国的旅行者或是商务人士带来了困扰。不过在 1883 年，标准时制度建立了，这简直就是旅行者的福音。所谓标准时，即每 15° 有一个标准子午圈。之所以定为 15°，是因为每 15°，太阳便需要"走"上 1 个小时。于是，规定每个小时，当地太阳位于头顶的经线，则为标准子午圈，而该经线左右 7.5° 的范围，钟表时刻都为 12 点，当全世界所有的计时都以格林尼治天文台的子午圈为起点时，标准时就诞生了。

举个例子来说，费城（Philadelphia）位于格林尼治西经 75°，按照经线划分，它在西五区，更准确表示，应该是 5 时 01 分，于是，费城的平时时间，则被视为美国东部各州的标准子午圈，当该区处于平正午（mean noon）时间时，该区最西部的俄亥俄的钟表时间也是 12 点，而密西西比河流域，则要在一个小时以后才到达 12 点，落基山脉（Rocky Mountains）则又要晚一个小时才是正午，再过一个小时，太平洋沿岸的时钟指针也指向了 12 点。这便是美国东部时间、中部时间、山区时间、太平洋时间四种时间相差一个小时的原理。

于是，出行的人们再也不用担心时差问题了，只要以小时为单位，按照经线来调快、调慢钟表，则是自己所在区域的标准时间了。在 1949 年前，中国设置了中原时区、陇蜀时区、新疆时区、长白时区、昆仑时区五个时区，而在中华人民共和国成立以后，统一以首都北京的时间作为全国标准时间，位于东八时区的"北京时间"，则是中国的标准时。

经度造成的时间差可以用来确定某一地区的经度，比如：位于纽约（New York）的乔治观测到了一颗星星经过了头顶，也就是说这颗星星位于他所在地区的子午圈上，此时，他给位于芝加哥（Chicago）的表哥发电报，等到表哥观测到这一刻星星位于头顶时，就能根据这个时间差来计算出两地的经度之差。或者在同一时间，两人同时说出自己所在时区的标准时，那么，则可以通过时差来计算经度差。

日期的改变

每时每刻，世界上都有一个地方处于"正午"，而同时另一个地方进入"午夜"，黑夜和白天就像一对永不碰面的孪生兄弟一样。随着黑夜和白天的交替，日期在不同地方进行更迭，如果某一时刻黑夜或白天经历某一经线时，该地区是星期一，那么下一次它再次经过这里时，便是星期二了。如此一来，日期也会有一个交界处，它是两天之间的界限，人们把这个界限所在的经线，称为"国际日期变更线（date line）"，这条线的诞生方便了全世界的人进行日期的统一。

关于"国际日期变更线"还有一个故事，讲的是美国人初到阿拉斯加（Alaska）时的事。当时，美国移民分别朝东西两个方向发展，某一天，向东去和向西去的人碰面了，可是他们的时间却相差了整整一天。东去的移民还在星期一，而西去的移民已经星期二了。同样，当走到这一地方的美国人还在星期六的时候，到达这里的俄国人已经星期日了。日期的不统一就造成了一个困扰，那就是，到希腊教堂做礼拜到底应该在哪一天？

人们带着这一问题，去找圣彼得堡（St.Petersburg）大教堂的主教，后来，还是请俄国国立普尔科沃天文台（Pulkovo Observatory）台长斯特鲁维（Struve）给出答案。斯特鲁维做出报告，肯定了美国人的计算方法，这样才将日期统一起来。

　　现如今，国际日期变更线已经确定为正对着格林尼治的子午线。之所以选择这条线，是因为它的优势。这一条线大部分位于太平洋，只有亚洲东北角和斐济群岛（Fiji Islands）这些少量的陆地被它穿过，这样就能避免很多麻烦，因为人们无法想象，如果国际日期变更线穿越一个国家将会是怎样的情形，很有可能一条街道两旁的人一个处于"今天"，一个处于"明天"。而这一条国际日期变更线处于海洋，就不会如此麻烦了。

　　当然，为了更好地回避上述问题，国际日期变更线并非与地球上的经线重合，而是拐了一个弯儿。正是因为这一个"弯儿"，使得离格林尼治180°的子午圈上的查塔姆群岛（Chatham Islands）和新西兰（New Zealand）仍然位于同一时区。

第四节　天体位置的确定

　　为了能够让更多想要深入了解天象的研究者进行更深层次的研究，我将在这一章中介绍许多专门名词，以便更好地解释天体运行的现象，更好地理解天体运行的规律，更准确地寻找到想要观测的星星的位置。当然，如果你仅仅是想要对天象有一个大致的了解，那么本章并不是十分必要的。不过了解一下，或许会有意想不到的收获。

　　现在，就让我们再一次回到图1那个模型图上，我们就能发现，其实在图1中，有两个球，一个是我们居住的地球，一个是我们构想的天球，人们居住在地球表面，天球等距离围绕着地球。我们站在地球表面，所看到的星辰都位于天球的内部表面，天球就好比一块包裹着地球的幕布，上面投影着成千上万、数不清的星星。

　　地球和天球虽然相隔甚远，但是它们之间是有联系的。正如我们所知道的，地球的转轴指出了地球的两极，然后无限延长，也指出了天球的南北极。地球的赤道与南北两极垂直，天球赤道亦是如此。如果我们能够把这些线条像画在模型上一样画在天上，那么我们日夜都能看见它们，并且恒定不变，不仅仅是位置，就连形状也可以窥见得一清二楚，当春分（3月）和秋分（9月）的时候，天球赤道与地平线相交，这时候日夜平分，位于美国各个州的人，在白天的12个小时里就能看到，太阳的周日运动正好是横过地平线与天顶之间的位置，而位于更低纬度的中国大部分地区则会发现，正午时，太阳接近天顶。天球纬度和地球纬度是一样的道理，在地球上，最长的纬度是赤道，那么同理在天球上最长的纬度也是赤道，在地球上，越靠近两极的纬线越短，天球纬度也是一样，不过它们是以天极为中心的圆圈。

　　根据连接两极的子午圈，人们定义了地球的经度，经度的度数是依据该地子午圈与格林尼治子午圈所呈的角度确定的。

　　我们可以假设天球上也有和地球子午线一样的线条，它们连接着天球的南北两极，它们遍布在天球表面，但都与天球的赤道成直角，这便叫作"时圈（hour circle）"。正如图 3 示意图中所画的一样，在众多时圈中，有一个圈叫作"二分圈（equinoctial colure）"，如图所示，我们在后文中将会讲到，二分圈正好通过春分点，它在天球的作用就相当于地球子午圈中格林尼治子午圈的作用。

　　为了能够更加准确地定位一颗星星的位置，人们用"赤经（right ascension）"和"赤纬（declination）"来表示天球的某一点。"赤经"的作用相当于地球上的经度，"赤纬"的作用则相当于地球上的纬度。明白了它们的意义，接下来就可以下一个定义了，这对于理解天象有着重要的意义，因此需要牢记。

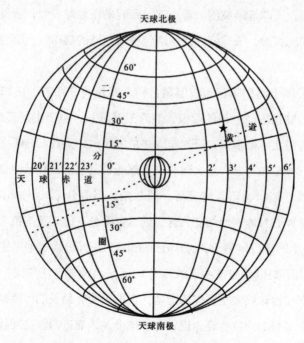

图 3　天球经纬

赤纬指的是某一颗星在天球南北方向上，距天球赤道的视距。正如图3中示意的那颗星星，它的赤纬是北25°。

赤经指的是某一颗星在天球上的时圈，与二分圈的夹角度数。正如图3中示意的那颗星星，它的赤经是3时。

我们用时来表示某一颗星的赤经位置，当然，也可以转化为度数。例如图3中的星星，若想用度数来表示它的赤经，只需要用它的时数乘以15便是了。这和地球经度的计算大体相仿，这是因为地球每小时旋转15°角，对于天球上星星的赤经同样适用。而且我们还能从图3中解读出如下信息：两个纬度相差的直线距离是一样的，全地球都是等距离的；而两个经度之间的直线距离却是千差万别，但有一个规律是，越接近赤道距离越大，越接近两极距离越小。例如在赤道上，一经度直线距离约为111.8千米，南北纬45°的位置上，一经度之间的直线距离就变成了67.6千米，而在南北纬60°的位置，一经度之间的距离则小于56千米，到了两极，其数值更是为0，因为所有的子午圈都将在南北极点相交。

同样，这种差距还体现在地球自转的线速度之上，从赤道开始，越接近两极，地球自转的线速度越小。比如在赤道上，经度相差15°的两个位置，距离约为1600千米，由此可以计算出：赤道上，地球旋转线速度为460米/秒；南北纬45°的位置，地球旋转线速度为300米/秒；而到了南北纬60°的位置，地球旋转线速度已经减小到赤道线速度的一半了；到了南北极点，地球自转线速度更是降到了0。

将地球经纬度的原理运用到天球上似乎都能照搬，但是有一点困难，便是地球在自转。即使地球上的观察者永远都站立不动，永远都处于同一经度，那么他也能看到某一颗星星的赤经在变，因为地球在自转。这就导致了天球子午圈和时圈的差别，因为天球子午圈随着地球旋转，而天球时圈是固定在天球上不变的。

其实地球和天球的关系极为紧密，正如图3中所示，我们可以很明晰地看到，地球和天球之间，就好像有一根贯穿两球的公轴线，地球位于天球内部中心位置，自西向东转，而天球则因为地球的自转，相应地自东向西转。

可是地球不仅仅自转，它还围绕着太阳公转，因此，太阳不可能像天上的许多其他星星一样，永远固定在天球上，可以明确地用赤经和赤纬来定位一颗星星在天球上的位置。可是，正因为地球还围绕着太阳公转，这就使得你即使在每天的相同时刻去观测太阳，你也会发现，太阳的视位置永远不同。在后文中，将会对公转的影响进一步解读。

第五节　地球周年运动及影响

　　由于地球不仅仅围绕着中轴线自转，它还每时每刻围绕着太阳公转，这一现象，导致了一种结果，那就是：太阳相比于其他星星，就像是每年围绕天球运转一周。每一天我们都看到太阳从东方升起，这其实是因为地球在围绕着太阳自西向东公转的结果。相对于其他遥远的星星，太阳的视运动是显而易见的，遥远星辰似乎永远没有改变位置，但是如果我们每天在同一地方观测同一颗星星，我们就能发现，它们一天比一天落得早，也就是一天比一天更接近太阳。由于星星的方位不变，所以只有一个解释，那就是不是它们在动，而是地球在围绕太阳做周年运动，从而使得太阳的位置发生了偏转。

　　如果人们在白昼也能清晰地看到星辰，那么就会发现一个有趣的现象，当众多星星与太阳相伴时，我们可以选择一颗星星为参照物，那颗星星最好是在某一天与太阳同时升起、位置一样的，一天中，太阳与它渐行渐远，太阳比它要走得更快一些。第二天，太阳又一次升起，而那颗星星与太阳竟然有了距离，大概是两个太阳直径的距离。就像图4中所表示的那样，在3月21日春分前后，太阳与同一颗星星的位置图，每个月都会如此，直到太阳绕着天球环行一圈，一年之后，再一次回到参照星星的身边。

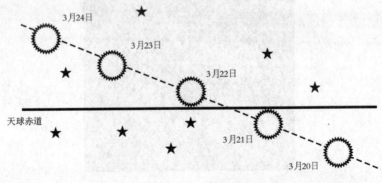

图 4　太阳于 3 月 21 日前后经过赤道

太阳的周年视运动

之所以会出现图4这样的现象，我们可以用图5来进行解释。图5中有太阳、地球和星辰背景，当地球位于 A 点时，则太阳的方位在地球与太阳的连线 M 点，而当地球围绕太阳公转，到达 B 点时，太阳便也在 N 点了。古人发现了这一现象，但是要把它们用图表示出来却也花费了不少心血，他们用"黄道（ecliptic）"来表示太阳的这种周年视运动。所谓黄道，就是古人想象中有一条环绕天球一周的线，其实也就是太阳在天球视运动的轨迹。古人还发现，除了太阳，有一些星星也在绕着天球做不准确的环行运动，于是他们设想，以黄道为中心，有一条带子，环绕天球一周，所有已知的行星便位于这条带子之上，这也就是人们所说的"黄道带（zodiac）"。在黄道带上，有十二宫，每一个宫包含一个星座。每个月，太阳都会经过一个宫，这便是人们所说的"黄道十二宫"，宫名即为星座名。不过这与现在的情形又不太一样了，因为在这之间，有一种很缓慢变化的东西存在，那就是岁差，我们在后文中会有介绍。

黄道和天球赤道都是环绕着天球的两条圆圈，但是它们却是用不同的方法定义出来的。天球赤道的方向，由地球转轴确定，位于天球南北两极的正中央，而黄道则是由地球绕太阳公转确定出来的。

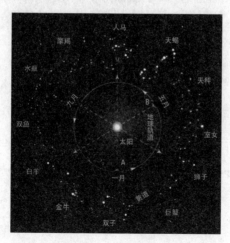

图5　地球轨道与黄道带

地球的运行轨道与黄道并不重合，而是在相对的两点处相交，相交后呈现的夹角约为 23.5°，即 1/4 直角，也就是人们所说的"黄赤交角（obliquity of the ecliptic）"。想要明白黄赤交角，我们就要从两天极说起。其实天球的两极只与地球转轴的方向有关，延长地球中轴线，与天球相交的两点便是天球南北极，位于天球两极之间的天球赤道自然也只与地球转轴方向有关了，而不受到其他天象的影响。

　　如果我们将地球公转轨道想象成水平的，太阳位于中心点，地球围绕着它，这情形就像是一个水平的盘子，盘子的中心点即是太阳，而地球绕盘子一周，这就是地球的周年视运动。我们继续假设，地球在运转过程中，中轴线是垂直于这个盘子的，也就是说，地球没有"歪"着身子，而是"正"着绕盘子一周，那么我们可以推测出，地球的赤道与这个盘子是重叠的，延长赤道与地球球心的连线，就能正指向太阳的球心。那么，相应的，由太阳轨迹确定的黄道也就与天球赤道重叠了。可是事实却并非如此，因为地球并没有那么"正"，而是存在一个 23.5° 的黄赤交角，所以黄道与平盘也就有了这样一个夹角。当然，地轴的倾斜始终是朝着一个方向的，因此，地球在绕日公转时，并不会总指向太阳，而是时而偏离太阳的方向，时而靠近太阳的方向，正如图 6 所示，不论地球位于太阳的哪一个方位，地轴的指向都是不变的。

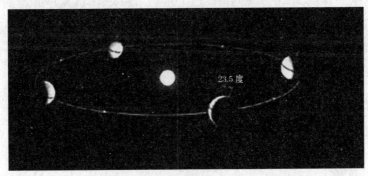

23.5 度

图 6　黄道倾斜形成四季

如果排除地球自转因素，就能更加清楚地看到太阳沿黄道的视运动。假设在 3 月 21 日的下午，地球不再自转，但还是以这一姿态围绕太阳公转。那么在三个月的时间里，我们就能看到图 7 的景象。我们站在北半球，向南天望去，就能看到太阳正在子午圈上，它似乎悬在天上没有运动。图 7 中，天球赤道与地平相交，黄道与赤道相交于春分点。若我们用更长的时间来观察，就会发现，太阳并不是不动的，它在黄道上，慢慢朝着"夏至点"移动，到了 6 月 22 日前后，太阳到达了它途中最靠北的位置，那一天，也就是夏至日。

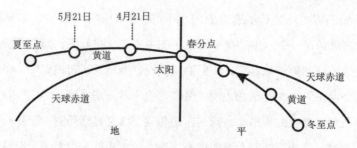

图 7　春夏间太阳沿黄道的视运动

如果我们还想在夏至日之后再一次探讨太阳的视运动，那么就可以看图 8，进一步讨论这一话题，经过夏至日，太阳的轨迹又逐渐与天球赤道接近，直到 9 月 23 日前后，黄道再一次与天球赤道相交，太阳再一次经过天球赤道，此后半年的路程就好像是对之前轨迹的重复，12 月 22 日到达离赤道最南的一点，而后又周而复始。当然，这些日期并不是绝对的，因为还存在闰年等因素的影响。

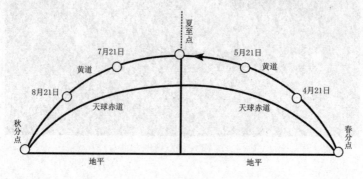

图 8　3 月到 9 月间太阳的视运动

所以，在上述假设模型中，有四个点十分重要，需要读者朋友们注意。第一个点是我们刚开始观察时的春分点；第二个点是太阳直射点在离赤道最北的夏至点，而后太阳又朝着赤道移动；第三个点是正对着春分点的秋分点，大约在每年的 9 月 23 日前后；第四个点则是太阳离赤道最南的冬至点。

对应的，在天球上，通过这些点，并与天球赤道成直角的时圈，则是"分至圈（colure）"。天球上赤经的起点二分圈，则是通过春分点的时圈，正如我们前面所讲，二至圈刚好与之成直角。

我们现在再来说一说星座、季候与时间之间的关系。我们知道，当太阳某一天与某一颗星星同时升起时，第二天太阳与它会有一定的距离，假设它们都从子午圈升起，这段距离将会导致太阳每一天都会比那颗星星晚升起 4 分钟，一年以后，当太阳再次与这颗星星同时升起时，太阳经过子午圈 365 次，而这颗星星，则要比太阳多 1 次，是 366 次。不过南天的星星还是和太阳一样，只会有 365 次经过子午圈。

为了记录这些星星的轨迹，天文学家用"恒星日（sidereal day）"来表示这些与太阳不同升落的恒星的时间。恒星日的时长与每一颗星星，或是春分点两次经过子午圈的时长相等。恒星日又被分割成了 24 个恒星时，并进一步被分割成分、秒。恒星时的计时中，每一天都会比普通钟表快 3 分 56 秒。而至于人们说到的恒星午，指的就是恒星时钟为零时零点零分的时刻，也就是春分点经过子午圈的时刻。我们就会发现，恒星时钟与天球的视运动时间保持了一致。虽然恒星时钟的转化比较麻烦，但是天文学家却乐此不疲，因为正是有了恒星时钟，人们才能够随时知道某一时刻，哪一颗星星正经过子午圈，并且能够知道各个星座所处的位置。

四　季

我们知道，由于地球地轴并不与黄道平面垂直，因此黄道也就不与天球赤道重合了，这样，就出现了四季分明的现象。如果地球没有"斜着身子"绕太阳公转，那么四季将没有那样明显。由于地球1月比6月离太阳近，因此只会在1月气温高一点，而太阳也将每天都从正东方升起，正西方落下。然而黄道与天球赤道存在夹角，这就导致太阳在3月21日到9月23日，位于赤道北，因而北半球日照更长，北半球进入夏季；9月23日至次年3月21日，太阳位于赤道南，南半球日照更长，南半球进入夏季。所以，以赤道为分割线，北半球和南半球的季节正好完全相反。这便是四季的来历。

什么是真运动和视运动

接下来，在继续讲解天象原理前，需要再一次强调两个概念，那就是之前我们提到过的地球真运动和由地球真运动引起的星体视运动。

所谓真周日运动，指的就是地球绕地轴自转的运动。而所谓视周日运动，指的则是随着地球自转而引起的天体运动的现象。

同理，真周年运动指的就是地球围绕太阳的公转，而视周年运动则是太阳环绕天球的运动。

地球的真周日运动，使得地平线从星辰日月间经过，而身处地球表面的人们就会看到星辰日月的东升西落。

地球的真周年运动使得每年3月21日，赤道平面从北向南经过太阳，而在每年9月23日，赤道平面从南向北经过太阳，于是造成了视周年运动，人们就会看到，3月，太阳直射点经过赤道而后向北移动，9月则相反。

每年6月，地球赤道平面离太阳之南最远，12月，地球赤道又达到太阳之北最远，因此，人们将6月太阳位于最北的位置称为北至点，12月太阳位于最南的位置称为南至点。

相对于地球公转的平面，地轴倾斜的夹角为 23.5°，因此，黄道与天球赤道的交角也是 23.5°。

在春分日之后，到秋分日之前，由于地轴的倾斜，使得北半球相对于南半球而言，更加接近太阳，因此，地球每自转一圈，北半球所获得的光照时长都要大于 12 个小时，昼长夜短；而南半球的日照时长都小于 12 小时，昼短夜长；而且纬度越高，日照时间越长，此时，北半球是炎炎夏日，而南半球则是萧瑟冬季。

同样的道理，当北半球进入冬季时，南半球则正好是夏季。因为此时，由于地轴的倾斜，南半球相比于北半球更加靠近太阳，所以，情形正好反了过来。

当然，夏季和冬季并不是绝对的，因为宇宙天体之间本身就是相对的，宇宙没有中心，所有的参考系都不是宇宙中的绝对参考系，而是相对的、平权的，所以，如果我们这样理解，就会更加明白真运动和视运动的关系，它们也是互相依存的关系。

年与岁差

我们通常所说的"年"又是以什么为计算标准的呢？最顺理成章的计算方法便是地球绕太阳公转一周所用的时间，但是在测量地球绕太阳一周的方法上却发生了分歧：到底是应该以太阳经过同一颗恒星为标准，还是以太阳经过天球赤道，也就是春分点或者秋分点两次的时间为标准呢？之所以出现这一分歧，正是因为春分点和秋分点总是在变动的，而不是固定在同一位置。这一分歧是古代天文学家发现的，他们观察千百年，发现太阳经过同一颗星星和经过春分点、秋分点的日期并不相同。事实上，以一颗恒星为标准太阳转动一周，比以春分日为标准太阳转动一周所用的时间要长 11 分钟。我们知道，遥远的恒星是恒定不动的，那么解释只有一个，便是春分点的位置是在变化的，这种位移即是人们所说的"岁差（the precession of equinoxes）"。

造成岁差的原理和天空中的其他星体关系不大，不过是因为地球地轴在慢慢变化。我们可以继续看图 6 的示意图，地球每时每刻都在自转，当地轴的北极不再是指向右侧，而是指向我们面前时，它已经转动了六七千年了；而再过同样长的时间，地轴指向北方时地轴将会朝向左侧，六七千年之后，地轴则将背向我们，当地轴再一次指向右侧时，已是 2.6 万年之后的事了。

由于天极的方向是根据地轴的指向来确定的，那么随着地轴的变化，天极也将发生变化，它也会在天上转一圈，它旋转一圈的半径，我们测量出来大约是 23.5°。这也就解释了一个现象，那就是在古希腊，人们在航行失去方向时，并不会用北极星来寻找北方，而是依靠大熊星座来确定自己所处的位置，因为在那个时候，北极星并不是指向北方，而是离北极有 10° 到 12° 那么远的距离。这是因为天球北极也在发生偏转，我们可以据此推测，大概在 200 年后，逐渐向北极靠拢的北极星将再一次远离北极，下一个移动到北极的星座则是天琴座（Lyra），天琴座中最亮的那颗星星是织女星（Vega），它将离北极有 5° 的距离。

由于天球北极在偏转，那么与天球两极垂直的大圈天球赤道在群星之间的位置也自然会发生变化。为了能够更加清晰地看出这种变化，我们用图 9 来表示过去 2000 年里的变化情形。黄道和天球赤道相交的两点是二分点，二分点随之移动，便形成了岁差。在上文中我们所描述的两种年，则分别命名为"恒星年（sidereal year）""分至年"或"回归年（tropical year）"。所谓回归年，指的就是太阳两次回到二分点之间的时长，这一周期大概为 365 日 5 时 48 分 46 秒。

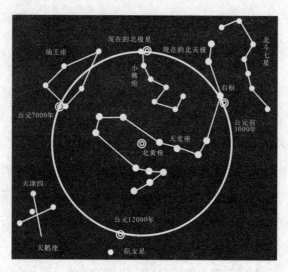

图 9　岁差

　　由于四季的变化是根据太阳在天球赤道南北的位置来决定的，因此我们在计量年时，通常采用回归年，古天文学家计算出一回归年的时间约为 365.25日。而公元 2 世纪，埃及天文学家托勒密则计算得更为准确，约为 365.25 日差几分钟，这与当今所有文明国家采用的格里高利历（Gregorian Calendar）的计量时间相差无几。

　　除了回归年，还有一个年的计量方式，那就是恒星年。所谓恒星年，指的就是太阳两次经过同一恒星时所用的时长，约为 365 日 6 时 9 分。基督教国家沿用罗马儒略历（Julian Calendar）一直到 1582 年，这一时长比真实时长多了 11 分 14 秒，千百年后势必会造成四季时间的改变。为了规避这一问题，就需要有一个更加准确的计年制度。在之前的儒略历中，每一个世纪的最后一年是闰年，之后，罗马教皇格里高利十三世（Gregory ⅩⅢ）一道指令规定，取消儒略历 400 年间的 3 次闰年。于是，在格里高利历中，1600 年、1700 年、1800 年、1900 年四个世纪年里，只有 1600 年是闰年，其他的均为平年。

　　此后所有的天主教国家都采用格里高利历，新教国家也逐渐用格里高利历法取代曾经的历法，中国也在辛亥革命后实施这一历法，格里高利历成为世界通行的历法。

农　历

虽然中国采用了格里高利历，也就是人们常说的"阳历"，但是老百姓还是会使用另一种传统历法，那就是农历。农历并不是一种纯粹的阴历，而是一种特殊的阴阳历。农历在中国的运用很广，几乎所有的传统节日都是用农历来计算，而少数民族节日，或是人们婚丧嫁娶也会使用农历，农历在中国有着举足轻重的作用。

农历定月，是指以朔望月周期来确定日期的方法。日月合朔之时称为月相朔，是为月初一，下一次日月合朔之日则为下月初一，日月合朔之日为初一。由于朔望月周期约为 29.53 日，为了调和全年时长，农历月分为 30 天的大月和 29 天的小月。

农历参考太阳回归年计量时间，定朔则是根据太阳、月球的位置推算该月是"大月"还是"小月"，并推算出哪一天是"朔日"。农历年一般为 12 个月，不过若该年是闰年，则有 13 个月，每 19 年约有 7 个闰月，这样就达到了一种平衡，使得农历时长和太阳回归年时长相等。以 19 年为周期，每 19 年，农历和阳历重合，也就是说，19 岁、38 岁、57 岁、76 岁、95 岁生日时，与出生那一年的农历日期正好相同。

中国历史上，除了个别朝代的皇帝短暂地改变历法之外，自汉武帝太初元年（公元前 104 年）五月颁布了太初历，历代都以农历雨水这一节气的所在月为正月，该月初一即为农历岁首。

第二章

望 远 镜

第一节　折射望远镜

相信很多对天文学感兴趣的人也会对望远镜感兴趣，它是如此吸引人们的目光，以至于人们想要急切地知道，望远镜到底是怎样的工作原理，使用它又能看到什么。

最为精密的望远镜当数天文台中天文学家使用的望远镜了，虽然那些精密仪器十分复杂，但是只要我们细心一些，还是能够大致明白它们的工作原理，对它们有更深一步的认识，而这种认识对于大部分人来说，是受益匪浅的，因为在今后参观天文台时，你将会得到比许多人更多的知识。听起来，就让人十分憧憬。

望远镜，顾名思义，就是能够让千米开外的东西，透过这种仪器，变得仿佛就在眼前。这听起来不可思议，但其实是运用透镜原理做到的。透镜也就是磨得很好的，如同人们眼睛一样的物品，不过它还要更加精美一些。通过望远镜来观测远处，采集来自观测物体的光，有两种方法：1.让光透过很多透镜；2.用一个凹面镜将物体的光反射出来。这两种原理就是多种望远镜的工作原理，比如折射望远镜、反射望远镜和折反射望远镜。下面，我就从折射望远镜开始介绍吧！

望远镜中的透镜

折射望远镜由"物镜"和"目镜"两个透镜系统组合而成。所谓物镜，指的就是在望远镜焦点上形成物体像的透镜。所谓目镜，指的就是在人眼最清晰部分形成像的透镜。

在整个望远镜中，物镜是最为精致的部分，它甚至比其他所有部分都更加需要精巧的工艺。或许有一个例子可以证明物镜所需要的强大工艺，那就是在100多年前，全世界的天文学家都相信，除了阿尔凡·克拉克（Alvan Clark）之外，再也没有人能够制造出巨大精美的物镜了，因为这技艺实在是太难了，而关于阿尔凡·克拉克将会在后文中讲述。

物镜通常由两个透镜构成，这些透镜直接影响了望远镜的清晰程度和观察距离。透镜的直径叫作望远镜的"口径（aperture）"，口径大小不一，但毫无疑问的是，口径越大，功能越强大。例如人们家中使用的望远镜，口径约为10厘米，而叶凯士天文台（Yerkes Observatory）大型折射望远镜的口径则为1.02米。

按照光学原理，想通过望远镜清晰地看到远处的影像，那么就需要物镜将远处物体反射的所有光线都集中到一个焦点，若无法做到这一点，就会使得远处物体的光分散到不同焦点上，使用者就会看到望远镜中的影像十分模糊，这种模糊的感觉就好比是使用了一副度数不符的眼镜，让人看不清东西。不过令人烦恼的是，无论这个单片透镜用什么材质制造而成，想要做到将光集中到一个焦点是不可能的，因为物体所反射的光，无论是来自太阳，或是来自月球、星辰，都是很多光混合而成的，证明这一点只需要用三棱镜将光分离，就会看到红、橙、黄、绿、蓝、靛、紫七色，所以单片透镜在形成影像时，会把不同频率的光聚焦到不同层面，红色离物镜最近，而紫色离物镜最远，这便形成了"色散（dispersion）"。

在300年前，天文学家们无法解决透镜色散这一难题，不过在1750年，来自伦敦的多龙德（Dollond）发现了一种解决办法。具体操作起来是这样的：他用两种材质做成透镜，一种材质是火石玻璃，一种材质是冕牌玻璃。由于冕牌玻璃与火石玻璃的折射能力不相上下，但它的色散能力却大一倍，因此多龙德用冕牌玻璃做成一个凸镜，用火石玻璃做成一块凹镜与之相连，这样组合而成的一个物镜能够收集各处的光，并且冕牌玻璃最终能将它们集中到一点，如图10所示。

这种设计十分巧妙，因为如果单用火石玻璃的话，透过它的光不仅不能聚焦，反而会向各处发散，通过加大火石玻璃的聚焦能力，使之比冕牌玻璃聚焦能力大一半以上，就可以抵消冕牌玻璃的色散而不抵消其一半以上的折光能力。这样的设计，使得望远镜能够将所有通过的光线集中到一点，并且比单用火石玻璃的焦点远一倍。

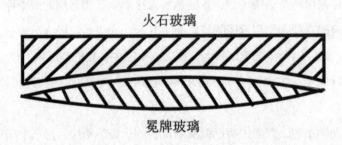

火石玻璃

冕牌玻璃

图 10　望远镜中物镜的一部分

　　虽然采用这种方式构成的物镜能够将光集中，但也只能说对于单片透镜它会更加精准，在影像上，它仍然不能聚焦所有的光，而且望远镜的口径越大，光越难以全部聚焦。假如使用这种大折射望远镜观测遥远的天体，你就会发现，在天体周围还围绕着一圈蓝色或紫色的光晕。这便叫作二级光谱像差。造成这一现象的原因是两重透镜不能将蓝色或紫色的光线聚焦到其他颜色所在的焦点之上。对于目视所使用的折射望远镜来说，视场不大，二级光谱像差也可以通过调节口径，使之变小而降低其不利影响。

　　由于大型折射望远镜对技术要求较高，需要采用一大块透光性高的光学玻璃，这就为其制造出了个难题。并且大型折射望远镜对紫外波段、红外波段的光透光性不如反射望远镜，这便导致了其成像的色差。在架构支持力方面，大型折射望远镜也不如反射望远镜，因此，想要制造一台大型折射望远镜需要更多资金、技术的支撑。大型折射望远镜所需的种种条件限制了其口径的发展，因此，当今世界上最大的一台折射望远镜，也只有 1.02 米的口径。

　　物镜将远处物体的像聚焦在一个平面上，该平面就是焦平面，焦平面是焦点所在平面，并且与望远镜的主轴或者视线成 90° 夹角。

其实望远镜成像的原理就和照相机一样，我们可以这样理解：望远镜就像一台长焦距的大相机，人们使用望远镜的时候，正如拿着这台长焦距大相机给天空拍照。因此若你想要了解望远镜的焦平面，只需要用一台相机就能说明问题。相机的毛玻璃上，投影着所拍摄景象的画面，相机的毛玻璃，或者说放感光片的地方，便等同于望远镜中焦平面的地位。

　　要想弄清楚望远镜是什么，我们或许可以从它不是什么开始，可是这个过程是需要探索的，正如100年前的一场闹剧，很能说明这个问题。100年前，有一位作家曾用一个荒唐的故事获得了众多读者的信任。故事里，赫歇耳爵士（Sir John Herschel）用极大放大倍率的望远镜观测月球，可是没有足够的光来看清月球上的影像，于是为了补光，他采用了人工光来照亮望远镜中的像，结果令人震惊的是，人工补光竟然真的管用，如此观测者便能看清月球上的影像，甚至还能看到月球上有动物在活动。当时有很多人都相信了，其中甚至不乏聪明绝顶之人。因此，下面的陈述才显得不是那么多此一举：望远镜焦平面上所形成的图像，并不能用外来光来帮助成像，而是通过透镜，将远处的景象反射的光聚焦在一个平面而获得的，因此这幅画实际上是由其中多个光聚焦构成的，它并非实像，而是被称为虚像。

　　物镜已经将远处的景物投影在同一个焦平面了，大家是否就有一种疑问，既然物镜已经成像了，那么为什么不直接看物镜，这样就能看到影像悬在空中，却还要通过目镜来看呢？当然，这样在原理上是可行的，如果你把一片毛玻璃放在焦平面上，就能像拿着照相机一样，看到毛玻璃上显示的远方景象。不过这样做有一个限制因素，那就是当你在某一点直接看物镜的时候，只能看到观测物的一小部分，因此，直接使用物镜并没有多么方便，想要看得更加全面宏观，还是需要使用目镜。目镜就好比钟表匠所用的眼镜，它本质上也就是一个小眼镜，其焦距越短，观察得就越精准。

　　其实对于望远镜来说，放大倍率不仅与物镜紧密相关，还与目镜相关，因为目镜的焦距也影响着放大率，所以，许多天文望远镜并非只配备了一个目镜，而是根据观测者的需要，换用不同的目镜来调节放大率。

从光学原理的角度分析，任何望远镜都能获得任何放大率，无论其大小。假如用一个普通的显微镜来看显示在望远镜中的图像，即使是一个 10 厘米的小望远镜，在理论上也能够获得赫歇耳大型反射望远镜一样的放大率。但是这只存在于理论，事实上并不能做到，因为存在着许多实际的困难，首要的问题便是，远处物体的光是十分微弱的，如果我们使用一个 8 厘米的望远镜来看土星，那么所呈现出来的虚像就会非常模糊。而在提高小望远镜的放大率的过程中，还不仅仅这一个困难，因此，光学中有一个一般定律，那就是不允许人们把望远镜 2.5 厘米口径的放大率提高 50 倍以上，也有人说这个数字是 100 倍。按照这一定律，我们可以知道，一架 2.5 厘米口径的望远镜是不能获得 150 倍以上放大率的，而更大的放大率就更是天方夜谭了。

在提高放大率时，天文学家还被一个问题所困扰，那就是地球大气会产生望远镜成像模糊，使观察者在观测时看不清楚。

我们在观测任何天体时，视线都要穿过厚厚的大气层，如果将大气层压缩一下，使之与空气密度一样，我们就会发现，大气层的厚度将达到 10 千米。显而易见，一个 10 千米之外的物体，将会是模糊不清的。其中最为重要的原因在于光线透过大气时，大气始终处于运动状态，它在永不停歇地搅动，这就使得穿过大气的光线在折射时变得不规律，呈现波状颤抖。而我们在使用望远镜时更加剧了这一现象，会使轮廓柔化和模糊变本加厉，如果再增加放大率，就会将这一效果加在模糊的图像之上，出现成像不清晰。这也就是许多天文望远镜都安置在空气清新、环境宁静的地方的原因，因为望远镜的清晰程度会受到大气的影响，从而影响到对天体的观察效果。

所以，但凡有人说他能够运用高倍率的望远镜把月球呈现在眼前时，多半带着夸张的成分。虽然按照原理来说，是可以通过一架 1000 倍放大率的望远镜将月球"搬"到 400 千米远的"近处"，也可以运用一架 5000 倍放大率的望远镜将月球"搬"到 80 千米的"近处"，但是人们若使用了这一方法，就会发现呈现在眼前的月球将会走样，变得非常模糊。这是由望远镜自身的缺点和大气的搅动导致的。所以，将放大率调到千倍以上真的能够有益于观测天体吗？其实未必，除非某一天大气层异常平静安宁，或许还有可能用此方法更好地成像。

望远镜的装置

对于没有使用过望远镜的人来说，想象中一定以为望远镜的使用非常简单，就是将它放在眼前，就能观测天体了。其实不然，人们忽略了天体时刻处于运动之中这件事，由于地球时刻在转动，因而星辰也就随之反方向运动。所以，当你瞄准了一颗星星，然后将望远镜对准它观测时，只能看到它在望远镜的目镜中忽闪而过，它不会长期停留在望远镜所能观测到的范围中，而且星辰的运动速度随着望远镜放大率的增加同比增加，若你使用高倍率的望远镜去观测，很可能还没来得及观测星辰，它就早已逃出了你的观测视野。

人们的视野会随着望远镜倍率的提高而缩小，也就是说望远镜放大天体的同时，也会同比缩小人们的视野，这个倍率是对应的，所以望远镜实际上所能观测的范围很小，放大倍率越大，所能观测的范围就越小。假如人们使用一个千倍率的普通望远镜观测天体，这时，望远镜的视野将只有 2 分的角度，这一小块天空，观测者犹如坐井观天的青蛙，很难看到更加全面的景象。可以想象一下，当自己透过 6 米高的房顶上一个直径 3.5 厘米的小洞去看天空，我们只能看到极小的一隅；若想通过这个小洞来"锁定"一颗星星观测，跟随它的运行轨迹，是一件多么困难的事情。

为了解决这个问题，正确地装置望远镜就是必不可少的关键了，通过装置整套仪器，使得一颗星星能够在望远镜互成夹角的两轴上旋转，追随其周日运动的轨迹，这样就可以达到锁定目标的目的了。如果在此详细地讲解望远镜这一原理，无疑将会打乱读者的思绪，所以只做一个大致的解说，说一说望远镜这两轴之间的关系。一根轴名叫"极轴（polar axis）"，是望远镜主要的一根轴。这根轴装置正对天极，与地轴平行，并使之以地球自西向东的旋转速率反方向旋转，这样一来就可以抵消地球转动所带来的位移了，当人们找准一颗星星进行观测的时候也就不会因为地球的自转而无法锁定了。

当然，望远镜还需要能够随意旋转，从而能够观测天空中随意一点，这就需要另一根轴，其命名为"赤纬轴（declination axis）"。它与极轴成直角，赤纬轴上有一鞘刚好安在极轴的前端，呈现一个"T"字形，这样一来，望远镜在两轴之间自由旋转，就能指向任意一个方向了。

而在中国汉代，张衡就运用到了这一原理，他制作的浑天仪就采取了类似的结构。浑天仪是一个球形的模具，有一根贯穿球心的轴，轴和球的两个支点指示南北两极，球的外面交叉环套着两个分别代表地平和子午圈的圆圈，以地平面为分割，天球的两个半球分别位于地平圈上下，在子午圈的上方是天轴的两个支架。而且，黄道和天球赤道在该模具上也有显示，它们互成24°角，二十四节气分别位于这两个圈之上，以冬至点为起点，分365.25°刻出来，每4格1°，每天，太阳辐射在黄道上移动1°。

由于极轴与地轴平行，这就导致不同纬度地区的望远镜在装置时有不同的角度，而这一倾斜角度恰好等于当地纬度。例如在北纬较南部地区装置望远镜，则极轴几乎偏于水平，而在北方则近乎垂直。

明白了望远镜的装置，或许你就想要用一台望远镜来寻找一颗星星进行观测，但是这并不是一件简单的事情。或许你盲目地看宇宙，花费好几个小时也不能成功寻觅到你要观测的星星。下面介绍两种方法，帮助你找到星星。

在每一台天文望远镜长筒的下端，都有另一个装置可以帮助我们找到想要观测的星星，那便是一个放大率较低的小望远镜，人们也叫它"寻星镜（finder）"。它是这样操作的：当你想要观测天空中的某一颗星星时，只需要将镜筒对向那颗星星，你便能在寻星镜的目镜中，看到那颗星星的身影，此时，你只需要调整望远镜的角度，使得所要观测的星星位于寻星镜视野的中央，便能在主镜视野中发现你想要观测的星星了。

而对于肉眼无法直接看到的星星，观测时则要采用另一种方法了，而且天文学家观测的星星中，大部分是肉眼无法寻找到位置的。在望远镜的两轴上，能看到一个圆圈，圆圈上面刻着度数和分秒，这个刻度所表示的数值便是它所指向的那一点的赤纬；还有另外一个圆圈，叫作时圈，时圈装置在极轴之上，共有 24 小时，每个小时又细分为 60 分，可以用于表示望远镜所指位置的赤经。如果天文学家想要观测某一颗已知位置的星星，那么他只需要用恒星时钟的恒星时减去想要观测的星星的赤经，便能得知其"时角（hour angle）"，其实"时角"正是在子午圈偏离正东或正西方向的距离。然后再转动望远镜的赤纬圈，使得度数与想要观测的星星一致；再使时角的度数与该星的度数一致，此时，只需要开动导星器，就能对所要观测的星星进行自动追踪，从而使之呈现在主镜的视野之中。

当然，这样的叙述看起来并不生动易懂，因此如果一个人想要有更加具象的理解，只需要亲自到天文台去观测一下便知道了，或许只需要几分钟的时间就能够对恒星时、时角、赤纬这些名词有更加形象的理解，毕竟实操重于理论。

制造望远镜

想要制造一台精准的望远镜，需要极高的技术，我们此前也提到过，尤其是在制造物镜的过程中，哪怕是 0.00003 厘米的误差，都会毁坏成像效果，在物镜制造方面，容不得半点细微差错。所以下面就要讲一讲有关制造物镜的趣事，而这些故事大多是有历史依据的。

也许你以为，一个成功的磨镜师在于将镜片磨得准确，完成镜片的制造，但是这绝不是一个好的磨镜师的全部技能，因为还需要将大玻璃盘也磨得足够均匀纯净。这就给人们出了一个难题，因为玻璃的均匀程度，对于望远镜的使用也是起着至关重要的作用。

19 世纪时，当时人们要把火石玻璃加工成均匀的物镜是面临很大困难的，原因在于火石玻璃中含有大量的铅，因此在玻璃熔化的过程中，铅会沉到锅底，使得火石玻璃上半面的遮光能力比下半面弱。正是由于这一因素的制约，当时一架口径十几厘米的望远镜就算得上是大望远镜了。就在此时，瑞士一个名叫奇南（Guinand）的人，研究制成了一种大片的火石玻璃，他制作出来的玻璃不存在上述不均匀问题。其实，原理很简单，那就是他在玻璃熔化时，大力搅动，便能达到均匀的效果。

当然，这些玻璃盘被制造出来，还需要磨镜师将它们打磨后才能使用，这就对磨镜师的功底提出了很高的要求。慕尼黑（Munich）的夫琅和费（Fraunhofer）正是万里挑一的好技师，他曾在 1820 年制造出了一架口径为 25 厘米的望远镜，此后，他激流勇进，再接再厉，又在 1840 年制造了两架口径为 38 厘米的望远镜，这在当时来说是震惊全世界的，是空前的奇迹。这两架望远镜分别为俄国普尔科沃天文台和美国哈佛天文台（Harvard Observatory）获得，一直使用了五六十年的时间。

夫琅和费去世之后，人们为一个天才的陨落而伤感，但是幸运的是，在麻省剑桥港（Cambridgeport, Mass）诞生了另一位天才，他便是肖像画家克拉克。克拉克可以说是光学器具制造的天才，虽然他从未受到过专业的技术教育和培训，但是他所拥有的天赋是那么强大，以至于能够凭借天生对光学器材系统的理解而形成了完整的理论体系，加上过人的锐利眼力，所以是无师自通，而他思想里似乎有一种直觉促使自己去做一件事情，那就是从欧洲买来一些做小望远镜的粗玻璃盘，然后通过自己的打磨，使之变成成像效果好的 10 厘米口径的望远镜。你看，天才就是这样诞生的。

克拉克的名气逐渐变大，以至于他在制造了许多卓越的透镜之后，开始着手制造一架空前巨大的折射望远镜。这架大型望远镜是为密西西比大学制造的，在 1860 年前后完成了，口径更是达到了 46 厘米。在这架望远镜完工测试之前，他的儿子乔治·克拉克（George B.Clark）用这架望远镜观测到了天狼星的伴星。之前人们一直都推测天狼星伴星的存在，但是从未见过它，这一次观测到天狼星的伴星，不得不说是一个巨大的天文发现。在美国内战爆发后，这架本应该归密西西比大学所有的望远镜被芝加哥人买去了，成为后来埃文斯通（Evanston）迪尔波恩天文台（Dearborn Observatory）最重要的工具。

大型折射望远镜

在 19 世纪末，光学玻璃的制造出现了一片繁荣，随着工艺水平的不断提高，所制造出来的光学玻璃也越来越精良，这就掀起了一阵大口径折射望远镜的制造狂潮，越来越多的人投身于此，专家们也大显身手，制造出了精美的大透镜。我们可以通过后来的统计发现这一成就，因为世界上现存的 8 架 70 厘米口径以上的折射望远镜，在 1885 年到 1897 年之间制造出来的就有 7 架之多，而最具有代表性的当数 1897 年的叶凯士望远镜和 1886 年的里克望远镜，它们的口径分别达到了 102 厘米和 91 厘米。

在英国，越来越大的玻璃片被制造出来，最为著名的制造者是费尔，也就是奇南的女婿。克拉克正是利用这些玻璃片制造出大口径的望远镜。在克拉克制造的望远镜中，著名的有华盛顿海军天文台望远镜，其口径为 66 厘米；还有一架口径相似的望远镜，是为弗吉尼亚大学制造的；此后，还为俄国普尔科沃天文台制造了一架口径为 76 厘米的大口径望远镜；又为加利福尼亚的利克天文台（Lick Observatory）制造了一架口径为 91 厘米的大口径望远镜。

在费尔去世之后，曼陀伊斯（Mantois）继承了玻璃制造这一事业，他所制造出来的玻璃更是史无前例的纯净、均匀。克拉克后来为威斯康星（Wisconsin）的叶凯士天文台制造出来的物镜，就是使用曼陀伊斯制造出来的玻璃片，这一望远镜是目前世界上最大的折射望远镜，其口径有 102 厘米。

当然，现代望远镜的奇妙之处还有很多，比如机械方面的智能化。如果你去参观现代天文台，一定会有叹为观止的感受，整个观测的过程是很便捷的，当你想要改变观测方向时，即使面前的大型望远镜安置得十分沉重，你也可以轻易实现，因为它是由电机控制的。天文学家在想要改变其观测方向时，只需要按一下电钮，就能够到达想要观测的点，并且它的圆顶也能无缝对接到新的位置。观测者所站的地板会跟着移动，以保证观测者始终能够以最好的姿势去观测目镜。现代光学望远镜利用电脑进行自动操作，使得大型望远镜的操作更简单，观测更便利。

在观测时，很多大型望远镜对于不同的研究会有不同的使用方式，比如卸掉目镜，换成其他的工具。如果放上装置底片的东西，就可以在观测的同时对天象进行摄影；如果放置一个分光镜，就能对天体的光进行分析；如果放置某些特殊的装置，就可以对天体辐射的强度进行记录。收集光是望远镜的重要作用，光在望远镜的作用下集中到一个焦点上，这样人们就能对其进行研究。以威尔逊山天文台（Mount Wilson Observatory）的塔式望远镜为例，有很多望远镜是固定的，它们利用一个活动的镜子，将天体的光引到望远镜上来，然后望远镜再将镜子上的光集中到一个焦点上，以便于进行实验室研究。

第二节　反射望远镜

　　我们讲述折射望远镜，可以发现其工作原理是使光线通过一个名叫"物镜"的透镜，一个或者多个，这样，星辰的光芒就能通过折射，最终在镜筒下端的焦点成像，此时观测者就能通过目镜对其进行观测；抑或装置其他设备，对其进行摄影及其他研究。在伽利略（Galileo）时代，那些天文学家都是使用折射望远镜，而经过消色改良后的折射望远镜仍然是使用最普遍的。

　　不同于折射望远镜，反射望远镜的物镜是一个装置在镜筒最下端的凹镜，它能够将来自星辰的光反射到镜筒上方的焦点。这时，你或许会质疑，这样观测者应该如何观测呢？因为如果你俯下身子去看镜筒，就会在影像中发现自己的影子，来自星辰的光就会被自己的肩部、头部遮住。为了解决这一问题，就需要将焦点定位在镜筒之外，这样就能看到完整的观测影像了。不同的方式，会造就不同形式的反射望远镜，目前，人们运用的主要方法有主焦点系统、卡塞格林系统、牛顿系统、折轴系统、格雷果里系统等，下面就以牛顿式（Newtonian）和卡塞格林式（Cassegrainian）为例（见图 11），进行说明。

　　在牛顿式反射望远镜中，镜筒中间接近焦点的地方，有一个小镜子与望远镜的主轴以 45° 夹角斜置，这样就能够使得来自大镜中的光柱可以通过其反光面射到旁边的镜筒上去，而在那里就能实现目镜的观测或是摄影等的研究了。

　　使用牛顿式望远镜，观测者可以在镜筒上端的左边位置找到观测口，而目镜中影像与所要观察的星的方向成90°，而使用大型反射望远镜的观测者很容易在适当的位置去观测任何方向，因为其观测台连接在旋转圆顶上，与缝隙正对，十分便于起落。

　　在卡塞格林式望远镜中，主镜和焦点之间有一个略显凸型的反射镜片，外界的光会被这个小镜反射到大镜之上，再从中间一个小口通过，焦点形成在镜后，而那里也就是卡塞格林式望远镜目镜所在之处。观测者用这一望远镜进行观测时，和折射望远镜有些相似。其实很多反射望远镜是可以在牛顿式和卡塞格林式之间转换的。

使用反射望远镜，有无色差、观测波段宽等多重优点，而且它的制造要比折射望远镜更加简单，但是有这些优点的同时，它也存在着一些缺点，比如口径越大，其视线就会越小，而且还需要定期给物镜镀膜。不过现代大口径的光学望远镜多半采用反射式。

大约在300年前，反射镜才得以广泛运用，虽然其不同原理已经由牛顿（Newton）、卡塞格林（Cassegirain）等人在更早的50年前就给出过详细的说明和解释，而且威廉·赫歇耳爵士（Sir William Herschel）也制造出了很多的反射望远镜，并用它们考察天象。而现在被人们所熟知的直径为1.8米的大型反射望远镜，是由爱尔兰业余天文学家罗斯爵士（Lord Rosse）在100多年前制造出来的。这一架望远镜观察到了一些遥远天体的旋涡结构，也即是人们所说的旋涡星云——都是这架望远镜的功劳。

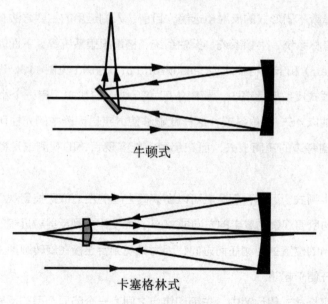

牛顿式

卡塞格林式

图11　牛顿式与卡塞格林式反射望远镜

反射望远镜中有一个反射面，早期，人们使用的是金属盘（metal dish）来做这个镜子，它有一个弊端：镜面在使用一段时间后会变暗，这就需要对其进行磨光。以赫歇耳、罗斯的大望远镜为代表的机械望远镜，就现在的标准来看，是很粗糙的，因为它们并不能与星辰的西移运动完全契合，这对于摄影有着很大的影响。实际上，不仅仅是对摄影产生了影响，在整个天文学观测中，清晰准确的影像都是至关重要的。

大约 200 年前，玻璃才取代金属，成为反光镜的选择，圆玻璃被磨成所需大小的镜片，再在磨好的玻璃上镀一层银膜或者铝膜，以达到较好的反射率。事实证明，这一做法无论是对紫外区还是红外区都有很好的作用，在研究范围较宽波段的光谱、光度时有很好的效果，而且较之于金属面，镀银和镀铝的玻璃镜面在镜片昏暗时，可以采用换新的方法来实现维护。为了避免出现像差，实用的反射望远镜会采用较小的视场，如果要扩大视场，就需要增加像场，从而改正透镜。反射镜的材料，最大的要求就是需要它有较小的膨胀系数和应力，以及便于磨制的特点。

1918 年底，由海尔主持建造的胡克望远镜正式投入应用，这一望远镜的口径达到了 254 厘米，也正是通过这一望远镜的观测，人们揭开了银河系的面纱，明白了地球所处的位置，并依据观察内容，提出了宇宙膨胀论，让世人为之震惊。

由于 20 世纪 30 年代胡克望远镜的成功，众多的天文学家掀起了一股建造大型反射望远镜的狂潮。此后在 1948 年，美国帕洛马山天文台建成了一个 508 厘米口径的大型反射望远镜，这架望远镜的制作整整花费了 20 年，被命名为海尔望远镜，是为了纪念拥有超凡制作工艺的望远镜制造大师海尔。比起胡克望远镜，虽然这架望远镜分辨能力要更加突出，但是它并没有给天文学带来新的震憾内容。后来，在 1976 年，苏联高加索也建成了一架口径高达 600 厘米的大型反射望远镜，但是也没有为人们带来更多震憾的观测成果。这些事实加上阿西摩夫说过的一句话："海尔望远镜就像半个世纪以前的叶凯士望远镜一样，似乎预示着一种特定类型的望远镜已经快发展到它的尽头了。"似乎都在向人们说明一个道理，人类需要更加强大的望远镜类型了！

第三节　折反射望远镜

1814 年，折反射望远镜问世了，人们通过它的名称就能知道其工作原理，那就是将折射和反射元件组合在一起的一种望远镜。这一望远镜的制作原理是由哈密尔顿提出的，在透镜组中间加入反射面，以此来增加光焦度，这样一来，即使是一般的玻璃，也能比消色差物镜得到更好的成像效果。

1931 年，德国的一位名叫施密特的天文学家，别出心裁地用一块接近平行面的非球面薄透镜作为改正镜，令人惊诧的是，这样的改正镜与球面反射镜的配合竟然能够制造出消除球差和轴外像差的望远镜，人们将这种折反射望远镜称为施密特望远镜。由于它的视场大、像差小，因此十分适合拍摄天区中需要大面积拍摄的照片，而且对暗弱星云的拍摄效果出乎意料的好。

此后在 1940 年，马克苏托夫又创造出了另一种折反射望远镜。相比于施密特望远镜，这一望远镜的改正镜不是趋于平行，而是类似于一个弯月形，由于两个球面的曲率不同，且曲率和厚度大，因此更加容易磨制，镜筒也比施密特望远镜要短，不过它对于玻璃的要求也更高。

对于许多业余的天文观测者来说，折反射望远镜是最合适的选择，如今，施密特望远镜和马克苏托夫望远镜是人们熟知的天文观测工具。

第四节　摄影术

在研究天体的进程中，摄影术的运用可以说是天文学的一大进步。来纽约的德雷珀（Draper）在 19 世纪 40 年代拍摄了一张月球的银版照相（daguerreotype）。后来，哈佛天文台的邦德（Bond）和纽约的卢瑟福（Rutherford）依托于更先进的发明，将摄影术拓展运用到月球星辰之上，虽然以现在的标准来看，这些尝试者所获得的影像不能与当下同日而语，但是即使到现在卢瑟福拍摄的昴星团及其他星团的相片，依然有很高的天文学价值，由此可见，他们的这一尝试有多么重要的意义。

你或许不知道，普通照相机也是可以为星辰照相的。如果在安置时，使之能跟随星辰的周日运动，就像赤道仪那样，这一做法就能实现。天文摄影能够达到令人震惊的效果，因为仅是几分钟的曝光，它便可以拍摄到超出肉眼所见的星辰数量，而其速度之快，甚至连一分钟也用不上。虽然普通相机经过改善装置就能达到这一效果，但是天文学家们还是使用了一种摄影望远镜来进行观测，毕竟使用望远镜可以让紫光和蓝光汇聚到统一焦点，而这对于感应十分敏感的摄影底片是至关重要的。

摄影所用的折射望远镜，在口径相同的情况下，通常要比用于观测的望远镜更短。因为这样，它就能够观测到更广大的空间，而且观测大视野的天空时，其成像更加清晰，颜色更加明朗。两重的物镜即是人们所说的"双分离物镜（Double separate lens）"，巴纳德（Bamard）的布鲁斯双分离物镜（Bruce double separate lens）就是"双分离物镜"，这架望远镜当时对银河以及彗星进行了摄影，可谓震惊了世界，让人叹为观止。哈佛天文台也有一架 61 厘米口径的双分离物镜望远镜，这架望远镜在探索南半天球时发挥了不可小觑的作用，充分消去色散。折射望远镜能够两用，既能用于观测，又能用于摄影研究。

如今，摄影底片似乎已经超越了眼睛在望远镜运用上的意义，因为影片的记录会给今后的研究带来意想不到的惊喜，天文学家常常在晴朗天空中拍摄宇宙影像，以便于今后的研究。就好比发现冥王星时的场景一样，很多时候，当天文学家们发现了一个新的天体，例如新的行星或其他星辰时，再去回看之前拍摄的影像，能发现多年前这一颗星辰的状态。

　　而且相对于古代星象的图画而言，摄影术的记录更加真实。要知道在古代，天文学家常常会对太阳黑子、日食、行星、彗星、星云及其他天体的现象进行图示，虽然在图示时尽量还原了眼睛所见到的画面，但是由于图画时间长，加之艺术家的个人偏见，常常会导致图画的失真，导致后人发现同一天体现象，不同的天文学家竟然画出了不同的图画，而摄影术只需要很短时间就能进行最真实的记录。

　　而且天体摄影还有一个很大的优势，那就是可以在长时间的曝光底片中，看到肉眼看不见的星辰或是无法观测到的天象。人们用眼睛在最大的望远镜中也无法观测到的很多星云，竟然呈现在照片之中。不过在曝光时也对天文学家提出了要求，因为对于极其暗弱的天体来说，想要用摄影追踪到它清晰的足迹，需要曝光若干小时，这是一件需要耐心和细心的事情。

　　而发展到现在，光电耦合器件 CCD 又代替了照相底片，成为天体观测的一大利器。CCD 的应用能够对天体实时观测，其量子效率要比照相底片更高，这些优势都是底片无法比拟的。

第五节　大型光学望远镜

最大口径的光学望远镜

当今世界上已经投入使用的最大口径的光学望远镜当数凯克（keck）望远镜，Keck Ⅰ 在 1991 年建成，Keck Ⅱ 在 1996 年建成，它们拥有相同的配置，并且放置在同一个地方，也就是夏威夷的莫纳克亚，用于干涉观测。之所以叫它们"凯克望远镜"，是因为捐赠建造经费的企业家名字叫作凯克（W.M.Keck）。

二者都由 36 块六角镜面拼接而成，构成了一个口径达到 10 米的望远镜，这 36 块小镜面的口径是 1.8 米，而厚度才 0.1 米，由于采用了主动光学支撑系统，使得其精度保持在很高的水准。而焦面也设置了近红外照相机、高分辨率 CCD 探测器和高色散光谱仪三台设备。

凯克这样的大望远镜，可以让我们沿着时间的长河探寻宇宙的起源，甚至能让我们一直往回看，看到宇宙最初诞生的时刻。

欧洲南方天文台甚大望远镜（VLT）

自 1986 年开始，欧洲南方天文台就开始研制 4 台望远镜，它们的口径为 8 米，排列在一条直线上，组合在一起的等效口径为 16 米，将它们用地平装置的方法装置好，其主镜是以主动光学系统为系统支撑的，精度高达 1 秒，跟踪精度高达 0.05 秒，其拥有 100 千克重的镜筒和 120 千克重的叉臂。它们组成的干涉阵，能够两两干涉观测。当然，单独使用其中一台望远镜也是完全可以的。

大天区面积多目标光纤光谱望远镜（LAMOST）

2008 年 10 月，中国建造了一架口径为 4 米、焦距为 20 米、视场为 20 平方度的中星仪式的反射施密特望远镜，将之命名为 LAMOST。在这一架望远镜中，主动光学技术被应用在反射施密特系统中，跟踪天体运动时能够实时做出球差改正，完美地实现了大视场和大口径的结合。

LAMOST 是以拼接技术为原理的球面主镜和反射镜，其光谱技术也采用了多目标光纤，仅光纤数量就多达 4000 根，这相比于一般望远镜的 600 根是一个庞大的数字。LAMOST 把极限星等推至 20.5 等，这比美国斯隆数字巡天计划（SDSS 计划）都要高出约 2 等。

2010 年 4 月 17 日，这架望远镜正式以"郭守敬望远镜"冠名。

第六节　射电望远镜

1932 年，央斯基（Jansky K.G.）使用无线电天线探测到了一些射电辐射，其来源正是位于银河系中心的人马星座，这就意味着，在传统光学波段之外观测天体成为新的可能。

在第二次世界大战之后，射电望远镜的发展为天文学注入了新的活力。20 世纪 60 年代，射电望远镜观测到了类星体、脉冲星、星际分子和宇宙微波背景辐射等，这些天文学大发现，极大地促进了天文学发展的进程。

英国曼彻斯特大学在 1946 年制造了一架固定式抛物面射电望远镜，其直径达到 66.5 米。1955 年，世界上最大的可转动抛物面射电望远镜也被制造出来。

美国在 20 世纪 60 年代，制造了一架直径达 305 米的抛物面射电望远镜，被安置在波多黎各阿雷西博镇。这架望远镜不能转动，固定在地表，是如今世界上最大的单孔径射电望远镜。

在 1962 年，赖尔（Ryle）因为发明了综合孔径射电望远镜，获得了 1974 年诺贝尔物理学奖。实际上，综合孔径射电望远镜能够实现相当于大口径单天线望远镜的成像效果，而它是由多个较小天线结构组成的。

20 世纪 70 年代，德国制造了世界上最大的可以转动的单天线射电望远镜。这架望远镜是在波恩附近被建造出来的，能实现全向转动，其直径达 10 米。

20 世纪 80 年代之后，越来越多的新一代射电望远镜被投入使用。例如欧洲的 VLBI 网、美国的 VLBA 阵、日本的空间 VLBI 等，无论是灵敏度、分辨率还是观测波段，这些射电望远镜都要比以往的望远镜更加优秀。以美国的超长基线阵列（VLBA）为例，它是由 10 个抛物天线组成的，其横跨距离长达 8000 千米，足有从夏威夷到圣科洛伊克斯那么远，而它的精度更是达到了哈勃太空望远镜的 500 倍，约等于人眼的 60 万倍。如果一个人站在纽约，使用这一架望远镜去观测，能够清晰地看到洛杉矶报纸上的字迹。

第七节　太空望远镜

　　地球表面的大气层十分厚，它在保卫地球的同时，也阻挡了人们观测宇宙的视线。因为大气中的各种粒子能够吸收和反射来自天体的各种辐射，从而使得宇宙中很大一部分波段的天体辐射无法穿过厚厚的大气层到达地球，如果把能够到达地面的波段看作是一种"窗口"的话，那么，能够到达地球的窗口主要有光学窗口、红外窗口、射电窗口三种。而类似于紫外线、X射线、γ射线等不透明的波段，是要在大气层之外进行观测的，比如人造卫星上天后，才能进行观测。

红外望远镜

　　18世纪末，可以算得上是红外观测的起源。当时由于在地球大气的影响之下，地面上的红外观测被散射，因而只能对几个近红外窗口进行观测，想要获得更多的红外波段，就必须减少大气的影响，于是在19世纪下半叶，人们才开始对红外天文学进行一些实践，一开始是使用高空气球，之后逐渐发展到用飞机载运红外线望远镜或是探测器进行观测。

　　美英荷三国在1983年1月23日联合发射了名为IRAS的红外天文卫星，作为第一颗红外天文卫星，IRAS的主体实际上是一架0.57米口径的望远镜，它负责巡天。这一次的尝试，IRAS有着巨大的推动作用，使得红外天文在各个领域都有相应的发展，IRAS观测源，直到现在仍然是天文学家们关注的热点。

　　欧洲、美国和日本也在1995年11月17日联合发射了名为ISO的红外空间天文台。ISO的主体实际上是一架0.6米口径的R–C式望远镜，相比于

IRAS，它的功能要更加强大，因为无论是从波段范围，还是在空间分辨率，或是灵敏度上，它都有更好的表现，尤其是它的灵敏度要比 IRAS 高 100 倍。

紫外望远镜

紫外波段的观测波段为 3100 ～ 100 埃，其频率范围介于 X 射线和可见光之间。由于大气层会对紫外线产生吸收作用，因此，使用紫外观测需要在 150 千米之上的高空进行。一开始，人们使用紫外波观测是使用气球搭载望远镜，随着科技的发展，才逐渐使用火箭、航天飞机和卫星进行搭载，而这又进一步促进了紫外望远镜的发展。

美国于 1968 年发射的 OAO-2 卫星，欧洲在此之后发射的 TD-1A 卫星，都是紫外波观测望远镜，其主要目的是对宇宙中的紫外辐射进行一般性普查。1972 年发射成功的"哥白尼"号 OAO-3 卫星，上面装置有一架口径为 0.8 米的紫外望远镜，在它运行 9 年后，观测到的宇宙紫外光谱达 950 ～ 3500 埃。

"哥伦比亚"号航天飞机在 1990 年 12 月 2 日至 11 日，又搭载 Astro-1 天文台，对紫外光谱进行了第一次空间实验室观测；1995 年 3 月 2 日开始，Astro-2 天文台用了 16 天进行了一次紫外天文观测。

FUSE 卫星于 1999 年 6 月 24 日成功发射，作为 NASA 的"起源计划"的一个项目，FUSE 卫星意在对宇宙演化的基本问题进行探索。

可以说，全波段天文学离不开紫外天文学这一重要部分，在"哥白尼"号发射成功之后，紫外波段的 EUV（极端紫外）、FUV（远紫外）、UV（紫外）等探测卫星，已经对紫外波段进行了全覆盖。

X 射线望远镜

X 射线辐射波段范围为 0.01 ～ 10 纳米。在 X 射线辐射中，波长更短、能量更高的即为硬 X 射线，反之即为软 X 射线。由于大气因素，宇宙中的 X 射线是无法到达地面的，因此，直到人造地球卫星能够避开大气影响时，天文学家才运用 X 射线获得重要的观测影像，X 射线也才得以发展。

美国麻省理工学院的研究小组在 1962 年 6 月首次观测到强大的 X 射线源，这一强大 X 射线源正位于天蝎座方向。此后，X 射线天文学的发展如火如荼，随后，又发射了高能天文台 1 号、2 号两颗卫星，X 射线波段被首次运用到巡天技术之上，其观测研究更是引起世界天文学家的瞩目，将 X 射线观测推上了热点地位。

γ 射线望远镜

由于 γ 射线在能量和波长上比 X 射线还要更高更短，这就使得大气对其吸收得更多，人们只能采用高空气球和人造卫星搭载仪器来对 γ 射线进行观测。

美国康普顿空间天文台（CGRO）于 1991 年搭载航天飞机被送入地球轨道，主要是针对 γ 波段首次巡天进行观测，CGRO 能够对宇宙中 γ 射线源进行灵敏度高的成像及能谱、光变测量。这些运用为天文学的发展有着许多重大的科研价值。

同时，还有 4 台仪器被安置在 CGRO 之上，它们是几个高效能的探测器，这些设备被研究出来时就已经是天文学的进步了，被载到天上更是对高能天体的研究起到了非常重要的作用，同时，它们的运用也象征着 γ 射线天文学向着成熟阶段迈步。

哈勃太空望远镜（HST）

在大气之外进行观测的技术已被人们熟知，其技术也在不断发展，空间望远镜（space telescope）也应运而生。空间望远镜及其他观测设备相对于地面观测设备而言，有不可比拟的优势条件。就拿光学望远镜来说，在没有大气干扰的情况下，波段的接受度极大延伸，短波可以达到 100 纳米，分辨率也极大提高，而且由于在太空中没有重力的挤压，仪器就不会因为受到重力而变形。

　　建于 1978 年的 HST 是目前最受世界瞩目的空间天文台之一，它是由美国国家航空与航天局主持建造的，之后还建立了 3 座与之相似的巨型天文台，不过论规模、投资、关注度来说，还是 HST 更胜一筹。经过 7 年的打造，HST 终于在 1990 年 4 月 25 日搭乘航天飞机进入太空。在 1993 年 12 月 2 日，HST 接受了一次规模浩大的修复工程，主要原因在于主镜的光学系统球差，但是修复之后，HST 的分辨率高出地面大型望远镜几十倍，可以说是非常成功。

第三章

太阳、地球、月球

第一节　初识太阳系

　　到目前为止，包括地球在内的这些行星，我们已经掌握了它们是怎样构成独立团体的。宇宙面前，这个团体似乎微乎其微，却是我们赖以生存的根本。首先，要了解清楚这个团体的构成，然后再细致地阐述太阳系（图12）的各个组成部分。

图 12　太阳系

　　我们的团体以太阳命名，关于它的重要性其实就不言而喻了。既然这样，那我们就首先探讨一下太阳。太阳是太阳系里不可或缺的发光体，位居太阳系的中间，光和热辐射的速度快到我们无法想象，而整个系统的运转也倚靠着太阳强大的引力。

　　其他的行星以太阳为中心，在有规则的轨道中运转，当然，也包括地球。

行星之所以称之为行星（Planet），是因为它区别于恒星，并非像恒星一样在相对应的位置固定不动，反而是移动的，所以古时候，人们称它为行星。行星又分为大行星与小行星（major planet and asteroid）。

太阳系中除了太阳以外，共有8颗大行星，可谓最大的物体。它们到太阳之间按照相应的规律，最近到最远分别是距离太阳5800万千米的水星和距离太阳大约45亿千米的海王星。水星仅仅利用不到90天的时间就可以环绕太阳一周，而海王星却要足足使用165年的时间。

按照质量大小和结构特征可以将八大行星分为似于地球或似于木星的两大类，称为"类地行星"（图13）和"类木行星"。水星、金星、火星都属类地行星的范畴，它们主要是由石、铁物质构成，体积小，密度大，卫星比较少，并且自转比较缓慢。木星、土星、天王星、海王星属于类木行星的范畴，它们由氢、氦、冰、氨、甲烷等物质构成，与类地行星相反，体积大，密度小，卫星众多，且自转速度极快。

图13　类地行星（从左至右依次为：水星、金星、地球、火星）

一道很宽的空隙将大行星分为两群。内层的4颗类地行星总体比较小，加在一起都没有外层天王星的四分之一大。

小行星（asteroids）旋转在两群大行星的空隙之中，对比起来，小行星显得十分微小。小行星其实都处于一个宽阔的带中，以太阳为参照物，那么这条带从地球出发，以10倍的地日距离截止，甚至有一些比地日距离还要远4～5倍。小行星与大行星的区别在于数目的多寡。现下带有编号的小行星就超出了1000颗，而且还在不断地发现新的小行星，那么数量就不能估量了。

"卫星（satellites）"，或者说"月球（moon）"，属于太阳系中的第三种。大行星身边总是会有像卫星这样的小天体围绕着旋转，比如，地球拥有月球，在土星的身边已经发现有62颗卫星；截至2012年，木星的卫星发现了66颗。因为，每一颗大行星都是类似于太阳系的系统的中心，并且以中心行星作为系统的名称。譬如火星系就是由火星和其他两颗卫星构成，木星系由木星、木星光环和66颗卫星组成，土星系则由土星、土星光环和62颗卫星组成，等等。当然，有的行星却没有卫星围绕，更不是一个系统的中心，就好比水星和金星。

"彗星（comets）"依据很扁的椭圆轨道环绕太阳运行，属于太阳系中的第四种。相隔几百年甚至是几千年，人类才能有机会看见彗星，因为只有它靠近太阳的时候，才会呈现在人们的视野里。而前提是环境和条件有利，否则很难见到它的庐山真面目。

还有一种天体，与小行星和彗星有些关联，呈碎石块的状态，和其他天体一样环绕太阳规律地运行。如果想要看见这些碎石，就只有等到它们运行到大气中。此时，它们就是人们眼中美丽的"流星（shooting stars）"。

下面是按照距太阳远近为次序并附其所有卫星的行星表：

（一）内层大行星

水星（Mercury）

金星（Venus）

地球（Earth）有1颗卫星

火星（Mars）有2颗卫星

（二）小行星

（三）外层大行星

木星（Jupiter）有66颗卫星（有光环）

土星（Saturn）有62颗卫星（有光环）

天王星（Uranus）有27颗卫星（有光环）

海王星（Neptune）有13颗卫星（有光环）

讲述完太阳之后，我们会先讨论地球和月球，不按照顺序表进行阐述，随后再讨论金星、水星等其他的行星。

第二节　太阳

整个太阳系，最先让我们关注到的无疑是那个最大、发光且位居太阳系中央的太阳。探讨太阳，那么首要问题是了解它的大小和远近。站在几何的角度上，知道了远近也就能推算出大小（初等几何问题）。在我们的视角里测算出太阳的角度，再了解到距离，直径就会推算出。精确的测算：我们的视角中，太阳所成的角度就是 32 分，由此推算出太阳到地球的距离是它直径的 107.5 倍，再用太阳到地球的距离除以 107.5，即可得知太阳的直径。其实，这就是很简单的三角问题。

太阳到地球的距离为 14960 万千米，除以 107.5，就得出太阳的直径为 139 万千米，大概是地球直径的 110 倍，那么太阳的体积也由此推算出是地球的 130 倍还要多。

地球的密度是太阳的 4 倍，太阳又大概是水的密度的 4/10。

太阳的质量大概是地球的 33.2 万倍。

太阳表面重力大概是地球表面重力的 28 倍。假如一个普通人到太阳上去，将有两千克重，这个重量足以压倒自己。

地球的光和热来源于太阳，光和热又是我们赖以生存的根本，所以太阳极其重要。如果没有了太阳，那么地球不仅会被黑暗统治，同时会永远地置身于寒冷之中。众所周知，晴朗的夜间，地面会将白天太阳散放的光芒还给大气，空气变冷。如果光亮不再来临，那么温度就会持续降低，直至失去所有热量。在失去太阳的那一刹那，我们便永远失去了光明，与此同时，月球和一些行星也会变暗，基本上再也看不见它们了。平日里天空中的繁星点点，也因为距离我们太远，无法借助它们的光亮和温暖。寒冷也如期而至。光明不再来临，温度会持续下降，冷到与地球的两极无异。植物依靠光合作用生长，但阳光就此消失，植物又谈何生长？即便是继续生长，又如何？早晚也会被寒冷虐杀。水散热比较慢，因此海洋的温度下降会比较慢，不过，没有了光，没有了热量，散得再慢，也迟早会变成一大坨冰。当温度下降到某个点时，大气逐渐液化，于是地球走入一个银白色的沉寂世界。温度持续下降数个世纪，地球温度不会高于 2K，也就是零下 271.15℃。

当然，那只是一个假设，现实里太阳依然照耀着我们。

为了避免将几乎透明的表面与看不见的内部弄混，人们把平日里可以看得见的太阳表面称作"光球（photosphere）"。在加了滤光镜的望远镜下，可以发现光球并不是肉眼中看起来各个部位都是相同的，斑点存在光球表面的各个角落。仔细观察研究之后，发现多个不规则的颗粒遍布光球表面。

在不用望远镜的情况下也可以看出光球表面的亮度存在差异，中心要比边缘亮很多。傍晚，透过浓厚的晚霞看日落，或是在眼前放一块黑色玻璃，就会发现，由边缘到中心越来越亮，边缘的亮度基本上只有中心的一半。不仅亮度不同，连颜色也存在差异，边缘的光亮要比中心显得暗红。

对于光球，我们也仅仅是能看到表面，其内部就无从观察了。表面上，光球看上去很光滑，但它的密度仅仅是地球空气的万分之一。其实，在肉眼与光球中间，还隔了数万千米的太阳"大气"。由于这种"大气"比较厚，因此光球的表面就显得又红又黑，"大气"展现给我们的是更高更冷的一层，因此光就更加暗红。

太阳自转

地球利用一个中心轴自西向东运转，通过精细的研究观察，人们发现太阳类似于地球。我们可以像理解地球那样去理解太阳，将转轴与表面相交的两点称为太阳的两"极"，两极中间最大的圈称为"赤道"。那么太阳的自转周期就是 25.4 天，赤道长度就是地球的 110 倍，太阳的自转速度就是地球的 4 倍，不难推算速度大概就是 2000 米 / 秒。

距离赤道越远，自转周期就会越长，这是这种自转比较有趣的特点。如果太阳像地球一样是固定的，那么，无论在哪个角落，自转周期都是一样的，但单单从表面一层看来，太阳就绝对不可能是固体。而临近太阳的南北，自转周期大概是 36 天。

太阳赤道与地球轨道平面成 7° 夹角。站在它的角度来看，春天与夏秋季的情形完全不同，春天时，它的北极背对着我们成 7° 的夹角，然而，我们视野内可见的圆面中心大概在太阳南边的 7° 。

太阳黑子

通过望远镜观测到的太阳表面上的黑色斑点，我们称之为太阳黑子（图 14）。根据这些黑子，我们可以更轻松地判定出太阳的自转周期，因为，黑子是随着太阳一起自转的。黑子会出现在圆面的中间位置，6 天以后会移动到西边，然后消失于此处；大约再过 14 天，假如黑子依然留存，那么就会在东边再次出现。

黑子有大小之别，在极好的望远镜下观测，透过涂黑的玻璃，我们的肉眼会发现有微小的点，也有很大的黑块。黑子多数成群结队地出现，但也不乏单枪匹马的战士，我们肉眼所见到的基本都是成群的黑子。单个的黑子直径就可达 8 万千米，可想而知，那些成群结队的黑子覆盖面十分广泛，最多可占据表面圆盘的 1/6。

黑子伴随着自身的发展会按照太阳赤道的平行圈子逐步展开。从太阳自转的角度出发，黑子群中最大、寿命最长的往往都是领头的那一个，当黑子群其他成员都消逝了，领头黑子的生命依然延续着，当接近尾声时，黑子剩下的都是单个的，当然最后生成的也是最大的。"本影（umbra）"是黑子中间比

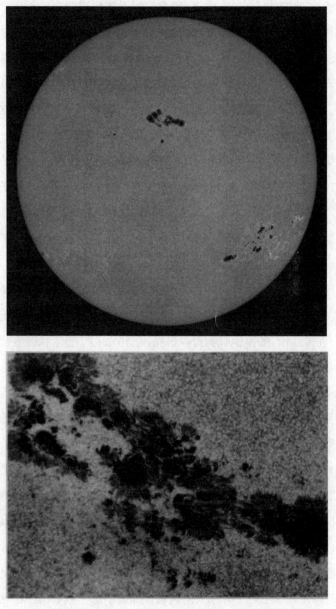

图 14　带黑子的太阳光球（上）及太阳黑子详图（下）

较暗的区域，"半影（penumbra）"则是边缘看着比较明亮的部位。黑子在分散的过程中会分裂成形状不整齐的碎片。在《周易》中"日中见斗"和"日中见沫"有这样的记载，也就是说，早在周朝时，我国就对黑子有所观测，但汉成帝河平元年，即公元前28年才有准确的记录；1611年，伽利略利用望远镜观测到了太阳黑子，西方也自此开始对其进行观测研究。也是在这时人类了解到太阳黑子具有规律的频数，周期大概是11年一次。推算起来，人类对于黑子的观测足有400年之久。经过多年的观测研究，发现太阳黑子在一些年份很少，有时甚至颗粒无存。就比如1912年和1923年。翌年黑子数目开始逐步增加，直到五年后，达到了数量的巅峰。但随之又逐年减少，达到年限，又逐年增加。人们在伽利略时期就发现了这个规律，直到1843年，施瓦布（Schwabe）将它们的周期率最终确定。

太阳与地球上的许多现象都遵从着和太阳黑子数目相同的变化周期，都是11年，比如：太阳黑子数目高峰期也是"日珥（prominences）"出现频率最高的时期；它数目的多少也影响着"日冕（corona）"的形状的变化；地球上存在一个可以干扰无线电信号传输和损坏一些精密电子设备的高手，叫作"磁暴（magnetic storm）"，它的强度、出现频率与黑子的循环周期是一样的；当黑子数目达到巅峰时，"极光（aurora）"出现的频率会增加，景致也更加壮观；与此同时，太阳黑子的周期也影响着气候的变化。

显而易见，太阳黑子的出现及其周期性与太阳的磁场密切相关。太阳发电机理论是当下最受追捧的理论，它意图利用研究太阳对流层中的流体运动和磁场的相互作用，来诠释此周期性与太阳磁场之间的互相扶持。发动机的概念是在1919年由拉莫尔（Lamor）提出的。自激发电机理论在1955年由帕克（Paker）提出，此理论是湍流发电机理论的物理基础和前提。依据此理论推敲得出，太阳存在一个磁场十分强大的区域，而太阳黑子刚好出现在这里，周期性波动随着内部的相互作用产生，与此同时，表面磁场的出现，也为其带来了细小的影响。

黑子出现在太阳纬度上的个别区域，并非分散在太阳的整个表面之上。这也是太阳黑子比较有趣的出现规律。黑子很难在太阳赤道上得以展露，从赤道出发，到北或向南，就开始慢慢地看见黑子的身影，最多的地方就是南北纬15到20°，然后随着距离的变远而逐步减少，直到30°就很难寻觅到黑子的身影了。将太阳视为一个圆，发现一个黑子就在对应的位置点一个点，多年后便如图15所示。

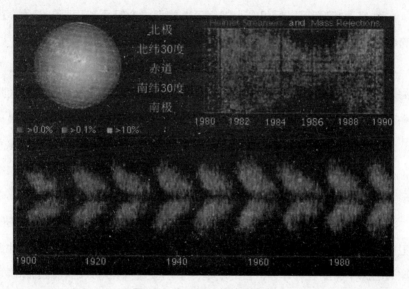

图 15　太阳黑子的纬度分布

太阳的表面不仅有这些暗黑的黑子，还有光亮的斑点。我们称这些斑点为"耀斑（facula）"，它常常出现在黑子的周围。

出现黑子就意味着太阳上发生了强烈的风暴。这风暴相当于地球上的飓风，只是强烈了很多很多。酷热的气体飞舞在太阳的旋涡上，向上奔腾，抵达光球之后，由于光球的压力小于内部，因此气体会急速地从表面喷涌而出。最终，由于膨胀致使周围的温度下降，光辉也随着暗淡，黑子也就产生了。因为太阳的平静区域光亮度更高，所以本为极热极亮的菌状旋涡就被衬托得暗了一些。

地球的自转引起飓风及其他所有的旋涡，这些旋涡位于北半球，按照逆时针的方向旋转，位于南半球是按照顺时针的方向旋转。太阳黑子在赤道以北与赤道以南的旋转方向也是截然相反的，跟地球上的飓风有异曲同工之妙，太阳的自转也因此可以看见。黑子群中的黑子与领头黑子具有相反的旋转方向，而后产生的黑子的旋转方向被黑子群影响着，所以太阳上的风暴要远比地球上的风暴复杂得多。

在图 15 中我们可以看见，太阳黑子的旋涡中心吸引着周围的气体，原因很简单，因为它的中心压力很低。

太阳单色光照相仪（spectroheliograph）诞生于 100 多年前，由美国的海尔（Hale）和法国的德朗德（Deslandres）各自单独发明。何为太阳单色光照相仪？其实就是与望远镜连接的一个部件，它的作用就是可以给某一特定的元素所散发的光单独照相，就好比钙光或氢光。通过它对太阳进行氢光拍摄，发现旋涡的存在通过"谱斑（flocculi）"从太阳黑子周围的形态分布得以显现。

从 20 世纪 60 年代开始，人们就逐步地将空间探测器和各种探测太阳的人造卫星发射到空中，比如太阳辐射监测卫星、轨道太阳观测站、国际日地探险者和太阳风年探测卫星等等，目的就是为了扫除大气层对太阳观测的障碍。这些卫星全副武装，尽是精密的仪器，利用这些仪器对太阳进行了 360° 全方位的观测与研究，黑子周期现象就是众多收获之一。这些卫星为人类带来了很多的益处，比如对太阳黑子和耀斑的爆发做出准确的预告，从而帮助人们及时地避免磁暴对电子设备的不利影响。

日珥和色球

太阳是神秘的化身，是美丽的代言，在研究它的过程中会遇到很多有趣的情形，关于日食后文将要提到，而现在要说的则是日珥。从太阳的各个角落散射出来的薄而热的大团气体，就是人们口中的日珥。如果拿地球与日珥相比，那么日珥就是一团烈火，而地球则是一粒沙子，可见日珥之大。它的上升速度也是极快的，速度的巅峰可达每秒数百千米。它们游走的范围并不局限，但有时也会像耀斑一样周游在黑子附近。在日全食的情况下才能看见日珥，否则即便是利用先进的望远镜也是难寻踪迹，更别说是肉眼了。其根本原因在于，地球大气折射产生的太阳附近耀眼的光芒掩盖了它的美丽。那么为什么只有在日全食时才能一睹日珥芳容呢？因为月球的介入，那一层光芒才得以消退，此时的它像是从暗黑的月球上反射出的璀璨火焰，肉眼便能够欣赏它的美了。

爆发的日珥和宁静的日珥是日珥的两种表达方式。前者热情似火地从太阳上升起，翻滚着，沸腾着；后者则如空中悬浮的仙子，那样沉静。或许是太阳光的一种排斥力在支撑着它，或许是其他的什么力量，人们并不清楚。

关于日珥的构成，我们从光谱的分析中得出，就是氢、钙以及少量其他元素。大量的氢元素是红色的来源。"色球（chromosphere）"是散布在光球上的薄气层。经过更深层次的研究，发现日珥与色球息息相关。原因是色球的构成与日珥基本类似，其主要成分也是氢，而且都是深红色。

日冕是太阳最外层的附属品，只有在日全食时，才能看得见它。日冕其实就是环绕在太阳周围由极端稀薄气体构成的温柔的光芒。但是，它从太阳延伸出去的光有的时候长度可超出太阳直径的长度。关于日冕的更多知识，会在《日食》一章中详细阐述。

太 阳 风

彗星的尾巴总是背对着太阳，很久以前，人们就发现了这一现象。因此，人们就大胆假设是太阳"吹"出了这个物质。1958年，人造卫星上的粒子探测器探测出有微小颗粒从太阳上流出，之前的说法也因此得以证实。人们也将此种现象命名为"太阳风"。

日冕的冕洞中喷射出微粒流，再从日冕中喷出，作为太阳最外层的日冕便形成了物质粒子流，也就是太阳风。

从长期的观测研究中我们知晓了太阳风是由91%的质子、8%的氦原子核和微量的电离氧、铁等元素构成的。密度不稳定，随时都会产生变化。

太阳风分为"宁静的太阳风"和"扰动太阳风"，前者由不断被辐射出的粒子构成，但粒子含量小，每立方厘米含质子数 1 ~ 10 个；且速度也很低，临近地球附近速度每秒大概是 450 千米。

后者则是在太阳强烈活动时辐射出来的，速度快。临近地球附近，速度高达每秒 2000 千米，而且粒子含量也很多，每立方厘米含质子数大概是几十个。它对地球有着巨大的影响，到达地球时，巨大的磁暴和强烈的极光也随之而来，电离层也会受到干扰，尤其是电离层反射传播的短波通信。

太阳的构成

我们再来回想一下我们所了解的太阳到底是什么样子。当然，我们是永远不能看见这个巨大球体的内在的。人们眼中的太阳表面是一个发光的球体，尽管这个表面不是真正意义上的表面，不过是球体亮度最强大的位置。然而，一些斑驳的黑子也会时而出现在气层上，同时耀斑也总是如约而至（图 16）。

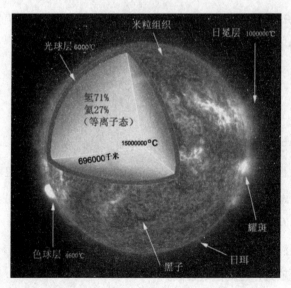

图 16　太阳的结构

光球最顶层的一层气体是色球，只有在日全食时，肉眼才能看得见，其他时候需要分光仪的帮助才能看见。似火的日珥从红色的色球中喷出。日冕将光球全部围住。关于太阳，我们所看见的就是上述的一些物质。而太阳的物质构成到底是什么呢？固体、液体还是气体，抑或是其他的形态？

根据太阳的自转性质可以确定，我们能看得见的太阳表面不是气体。表面上已知的各种物质的自转周期也是各不相同的。从另一个角度来看，太阳的温度极高，它也就失去了成为固体或是液体的可能了。等离子体是一种拥有奇特性质的物质状态，人们多年以来都认为太阳是由它构成的。由于太阳的引力十分巨大，因此等离子体的状态非常致密。如果按照此理论，那么理想的气体状态方程依然适合于太阳的内部，因此，就可以将太阳看成是气体构成的。

我们身处太阳的 1.4 亿千米以外，夏天的时候依然能感受到它的酷热，因此，它拥有极高的温度是毋庸置疑的。当然，坚实的测算依据也足以证明，太阳辐射的直接来源是光球，它的温度已经高达 6000℃。

辐射体温度和辐射功率之间的关系是确定的，因此，无论我们采用何种方法去测量太阳表面的温度，其答案都是一样的。比如说，辐射与温度的 4 次方是成比例的。辐射体的温度加倍，那么它辐射出的热量就会增大 16 倍。其实，这就是斯特藩定律（Stefan's law）。

举一个例子，装有 0.01 米深冷水的平底盆，接受太阳直射，不受空气的影响，也没有温度的消耗，1 分钟以后，用温度计进行测量，水的温度就会上升大概 2℃。

那么，如果有一层 0.01 米厚的冷水组成的、半径刚好等于地球对太阳的距离的球形壳，以太阳为中心，并将其包围，1 分钟后，温度就会上升 2℃。也刚好在这 1 分钟内，我们得到了太阳的全部辐射，因为它恰好将太阳团团围住。

通过上述方法可以推算出从太阳表面的每平方米中都不断地释放出6.2 万千瓦的能量。而后，根据辐射定律，太阳的温度也可算出。"太阳热量计（pyrheliometer）"是一种精密的仪器，史密森天体物理学天文台（Smithsonian Astrophysical Observatory）的各区域多年前就开始使用，由此说来，也根本不需要水盆和温度计来测算了。

想要准确地定义太阳的内部是很艰难的，毕竟我们无法观测光球下太阳的内部。但是可以做出这样的一个假设：越往深处，压力和温度就越高。很早以前，1870年，美国物理学家莱恩（Lane）在假设太阳内部的每处角落都处于平衡的状态下，对太阳内部的温度进行了测算。热气体的膨胀力支撑着太阳内部各个角落物质的所有重量。那么，内部的热量要到何种程度才不会被自身的重量压裂，这便成为一个测算的问题。

英国的爱丁顿（Eddington）、詹姆斯（Jeans）、米尔恩（Milne）等人在20世纪30年代，将太阳和星辰内部的理论视为研究的关键。爱丁顿计算出太阳中心的密度大概是水的50倍，温度在3000万℃到4000万℃。而米尔恩推算出来的中心密度和温度比这个数目还要大，而且大很多。太阳内核的气体被高度压缩，中心密度是水的150倍，而温度大概是1560万℃，这是根据现在的太阳模型测算出的结果。

太阳的热源

太阳直径是140万千米，表面积就很容易推算。而太阳从它表面上每1平方米释放出6.2万千瓦的能量，用它乘以太阳表面积，那么以千瓦表示的太阳持续散发的全部能量的数字便可得出。显而易见，数字是很庞大的。按照地质学家和生物学家的理论，太阳存在了5000万年，那热量就释放了5000万年，如此巨大的热量从何而来呢？

其实，不难解释，辐射能量来源于光球，但这种能量需要新的能源供给来保证它不断释放。那么维持太阳热量散发了5000万年，并依然提供给它持续散发的能源究竟又从何而来呢？

尽管能量具有不灭定律，但也不意味着能量可以凭空产生；只不过是一种形态到另一种形态的转变，但是宇宙能量的总量却是不能增加的。只有一种可能，那就是太阳从外界不断地吸取能量，保证足够的能量去持续地释放。其实不妨大胆假设，太阳储备的能量终有一日会消耗殆尽，太阳的光亮也会随之暗淡。但很明显，假设是不成立的，毕竟太阳存在了 5000 万年，能量依然保持着，光亮依旧，实在是不可能中的奇迹。

物理学家亥姆霍兹（Helmholtz）在 20 年前，提出过一个关于太阳热的收缩理论，并且在很多年以来都被科学家们高度认可。这种理论是这样的：太阳会每年将半径收缩 43 米，来应对因辐射而失去的热量。按照他的理论，最初的太阳是尤为稀薄的，并且特别大。然后每年都会不断地收缩，但终有一天太阳会收缩到不能够承担释放的热量。数百万年后，太阳会变得冰冷，也无法再继续供养地球上的生命。

他的理论为我们勾勒了一个消极的未来，按照天文学尺度，似乎在告诉人类，过不了多久，人类将面临世界末日。直到 20 世纪初，此种说法受到了强烈的质疑。不管太阳曾经的体积有多么巨大，按照太阳现在的发光率，2000万年就足以让它获得充足的热量，并且，照耀的时间也要长很多，那么收缩也就无法诠释太阳是怎样维持辐射的了。该理论的可信度也因此而降低，并且毫无证据可言，慢慢地，人们摒弃了这个说法。

20 世纪初，相对论以及核物理学问世并得到了发展，太阳和恒星的能量源于核能的释放越来越受人们的青睐。氢是非常好的产能原料，通过对光谱的观测，发现恒星物质内部富含大量的氢。受高温和高压的影响，氢会变氦，与此同时就会产生巨大的核能释放，太阳和恒星因此得到能量的供给，从而保证它数十亿年来不断向外辐射。

英国剑桥大学著名的天文学教授亚瑟·斯坦利·爱丁顿（Arthur Stanley Eddington）爵士在 1926 年出版了一本书，名为《恒星内部结构》。在恒星内部状态和其物理特点性质方面，此书尤为重要。他的理论是太阳凭借重力将物质拉拢起来，并趋于中心。太阳内部的高温气体会产生一种压力，这种压力的方向与重力方向截然相反，也就是说它将物体向外推，两种力量相互制约平衡。根据经典力学和热力学原理，在达到平衡点的时候，恒星的中心温度便可以推算，大概是4000万摄氏度。爱丁顿相信，4000万摄氏度的温度下，氢核可以转变为氦，从而为太阳和恒星提供能量。

温度只有达到几百亿摄氏度才能引起氢的变化，4000万摄氏度的低温度不足以与核之间十分强烈的电磁力抗衡，因此大多数的物理学家都反对爱丁顿的理论。但美籍俄裔核物理学家和宇宙学家乔治·伽莫夫（G.Gamow）却利用实际的工作证实了爱丁顿理论的正确性。

伽莫夫相信，依据现代量子论，即便是镭核内的粒子被核力约束，分裂出α粒子也是有可能的，当然概率很小。核力约束着镭核中的粒子，仿佛是该粒子被城墙重重围困，它的力量不足以杀出重围。"量子穿梭"是量子力学中的一种现象，我们可以这样解释：核内的粒子并不一定从城墙之上逃出，还可以从下面的隧道中跑出来。伽莫夫的再次研究表明，如果穿梭现象成立，也就说明粒子一样可以从外面向内穿进原子核内。

英国天文学家罗伯特·阿特金森（R.Atkinson）和德国核物理学家弗里茨·豪特曼斯（F.Houtermans）在1929年联合发表了一篇文章，题目是《关于恒星内部元素结构的可能性问题》，该文将伽莫夫的量子穿梭理论运用于恒星内部能量的问题上。其理论为：恒星内部的质子，也可以穿梭隧道，进入产生巨变的范围，从而利用轻核聚变来释放强大的能量。那么就轻松地解决了在低温度下，氢聚变为氦来满足太阳能量需求的问题。人们称这种现象为"热核反应"，是因为在数千万摄氏度下才得以发生这种巨变。

天文观测表明，太阳核心物质的等离子态是十分符合热核反应的物理条件的。那问题便产生了，太阳和恒星内部的氢是如何变为氦的？"质子－质子循环"是氢直接变为氦的一种反应机制，此机制在1938年由美国核物理学家汉斯·贝特（H.Bethe）和查理斯·克里奇菲尔德（C.L.Critchfield）发掘。此种反应下，1克氢可以散发出6700亿焦耳的核能，如此多的核能可瞬间转化成热能，然后借助对流和辐射运行到太阳的外层空间。

氢转变为氦的"碳循环"机制也由贝特发现，并且他还因该理论的成立而荣获 1967 年度诺贝尔物理学奖。与此同时，德国的弗里德里希·冯·魏茨泽克（F.V.Wetabckor）也发掘出了此种机制。通过现代天文观测，人类发现太阳的能量源于质子－质子循环和碳循环，前者所占比例为 98%，后者则是 2%。

太阳简史

现代的观测表明，太阳具有 50 亿年的悠久历史。太阳是恒星中最为典型的中等质量恒星，通过燃烧自身储备的能量来释放热量，与此同时，又将氢转变为氦。时下，人们对恒星的了解逐步趋于成熟，而且，还为太阳绘制出四个生命阶段。

孩提时代，这也是原始太阳形成的阶段，原始星云在自身的引力影响下持续收缩，密度持续增大，温度也不断提升，经过数千万年的洗礼，最终得以形成。

青年时期，太阳处于十分稳定的主星序（参看《恒星》一章），根据观测得到的氢和氦的存量，可预估出太阳寿命还可持续 50 亿年。青年时期乃一个人的鼎盛阶段，而时下的太阳刚好处于这个阶段。

中年阶段，大概要保持 10 亿年时间。当热核反应的燃烧范围临近太阳半径的二分之一时，自身巨大的引力将无力支撑，中心随之崩塌收缩，塌缩的过程会释放出巨大的能量，能量致使太阳的外部大幅度地膨胀，太阳在这个时候体积会变得很大，密度变得很小，表面亮度会非常高，一颗红色的巨星就会显现在宇宙中。不仅如此，太阳的直径也会逐渐扩大，大到远远高出现在直径的 250 倍之多，那么，地球也就因此而被吞噬。

耄耋之年，此阶段的太阳转变为一颗脉动变星，内部核能也终于消耗殆尽，崩塌已是定局，内部压缩至高密度的核心，逐渐冷却，白矮星便是它最终的形态，从此长眠宇宙。

第三节　地球

图 17　阿波罗 17 号太空船于 1972 年拍摄的地球

　　尽管我们所居住的这个球体并没有什么特别值得书写的地方，但是既然它是我们所居住的星球而且属于行星之一，也值得我们对它研究和描述。不说宇宙间的大天体，单单和太阳系中的大行星比起来，地球也是微不足道的。不过在它自己的系统中，它却是最大的中心天体，至于孕育了我们这群智慧生物这一点更是毋庸置疑的了（图 17）。

　　地球是什么呢？宽泛地说，它是一个多种物质组成的球体，直径大约是 1 万千米，它的各部分因为引力而连成一体。它鼓起的赤道部分决定它并不是一个严格的球形。幸好有人造卫星技术的出现，否则人类还真是不知道如何去测量这个表面不平球体准确的大小和形状。

关于地球形状及大小的结论可概括如下：

极直径 12713.6 千米

赤道直径 12756.3 千米

也就是说极直径比赤道直径小 42.7 千米。

地球的内部

对于地球来说，人类通过观察而对它产生的了解不过是它的九牛一毛，甚至于即使是人类可挖掘到的最深处对它来说也不过是皮毛而已。

想要了解地球，可以先从地球的质量、压力、重力等方面入手。我们先从地球外层表面的一块 1 立方米的泥土入手。地球表层 1 立方米的泥土重量大约有 2.5 千克，不难想到这个立方体 6 个面中向着地心的一面承受着 2.5 千克的重量。在这 1 立方米泥土下面的 1 立方米泥土也重约 2.5 千克。那么它向着地心的一面就承受两个 2.5 千克的压力了。随着对地表的深入，这种压力越来越大，仅仅是表面下不到若干厘米的地方就必须以千克来计量这种压力了，而 1 千米深的地方大概是 2500 千克，100 千米的地方就是 25 万千克了，因此如果测量到地球中心的话，这种压力会大到不可思议。在这种情况下，地球中部的物质因为被高度压缩而更加沉重。人们认为地球的平均密度是水的 5.52 倍，不过它的表面密度却只有水的两三倍。

关于地球，还有一个被确定的规律，那就是在其表面下的矿坑中越深的地方温度越高。温度增加的比率与地域和纬度也有关系，不过平均增加率是每下降约 30 米增高 1℃。

那么我们不禁要设想，依照这种比率增加下去，地球中心的温度会是怎样呢？当然，因为地球外部早就冷却了，我们并不能在下降时得到很大的温度增加。所以目前地表的温度并不适合作为回答这个问题的起始温度。不过我们知道，地球存在以来，热量都被保持着，这说明地球中心温度必然更高，而且这个温度增加比率也会一直保持着，直到几千米深甚至是到达地球内部。

如果按照这个结论来说，地球20千米或25千米深的地方的物质已经是非常灼热了，而200千米或250千米以下的热度已经高到足以熔化那些构成地壳的物质了。因此早期的地质学家认为地球就像一大块熔化了的铁，我们人类就居住在熔化的物质上面几千米厚的冷壳层上。而火山的存在以及地震的发生似乎是与这种理论相互印证。

不过到了19世纪20年代，天文学家与物理学家得到的一些证据表明，地球从中心到表面都是固体，而且这固体甚至比同样大的一块钢还坚硬。开尔文爵士（Lord Kelvin）第一个认同了这种学说。他认为如果地球真的是有着固体外壳的液体的话，那么月球就不仅仅是把海洋的潮汐吸起来了，而是在不改变壳与水之间的相对位置的前提下，将整个地球拉向月球了。

在下面我们将会讲到，地球表面的纬度变迁这种奇特现象已经说明这一理论的正确性。因为内部柔软的球体是做不到像地球那样旋转的，甚至比钢硬度低的球体也不能。

那么我们要怎么解释这如此惊人的高温下物质还保持固体的性质呢？也许只有一个解释：因为巨大的压力使得地球内部物质保持为固体状态。实验证明，物质的熔点与压力成正比，压力越大，熔点越高。达到了熔点的岩石在重压之下又还原为固体。所以说地球中心物质不仅温度增高，而且压力也是其保持固体状态的重要原因。

当然，人类也在努力地通过一些具体方法来测得地下结构，比如说在地表用炸弹等制造一个人工震源，在接收到地下回波之后就能确切地知道地下的结构了。通过对利用地震技术获得的资料研究发现，地球的内核与地壳为实体，而中间的外核与地幔层为流体。地核中虽然会有一些较轻的物质，但是大部分可能是由铁构成的，地核中心的温度比太阳表面还热，可能高达7200℃；下地幔可能由硅、镁、氧和一些铁、钙、铝构成，上地幔大多由橄榄石、辉石、钙、铝构成。地壳主要由石英和类长石的其他硅酸盐构成。

地球的重力与密度

关于地球，还有一个重要的指数，那就是密度，或者说是比重。对于一块同样大小的铅和铁，我们都知道铅要重得多，而同样道理，铁又比木头重得多。如果有办法知道地球内部深处某一个单位的重量，我们是不是就可以估算全地球的重量了呢？想要解决这个问题，只能通过物质引力来计算了。

对于一个人来说，只要他会走路，就会受到万有引力的影响，可就算是一个最为睿智的哲学家也不能说清楚它为什么会存在。如果按照牛顿的万有引力学说的说法，并不是地球中心存在把地面上的东西引向它的力量，这个力量是构成地球的一切物质的共同作用的结果（图18）。牛顿还把他的理论做了升华和推广，说宇宙间一切物质都吸引着其他的物质，而这引力的大小是随着两者之间距离增加按平方规律减少的。也就是说距离加1倍，引力的大小就要除以4；远3倍除以9；远4倍除以16，以此类推。

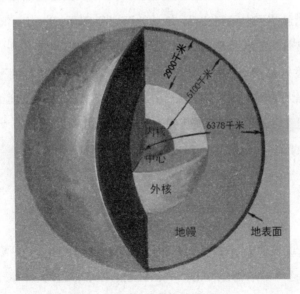

图18　地球的结构

知道了这一点之后我们就会发现，在我们四周的物体都是有自己的引力的。那么能不能通过一定的方法把这个引力的大小测量出来呢？通过数学理论可以知道，比重相等的球体吸引其表面小物体的力量与其直径成比例。一个直径 0.6 米、密度跟地球一样的球体的引力就只有地球重力的两千万分之一。

关于万有引力的大小，卡文迪许通过一个巧妙的办法对其进行了测定。他首先把一根两端有两个等重铅球的轻质金属杆悬挂在一根很细的石英丝上，接着在其中一个铅球旁边放置另外的铅球。在测量出石英丝扭曲的程度之后，两个铅球之间的引力就被我们量化了。不过这种测量并不是十分容易的，因为大家都知道，此时引力的大小甚至没有两个小球的千万分之一，所以对仪器精密程度要求非常之高。而且想要找到一个重量不及这个引力的东西极其困难，毫不夸张地说，就算是蚊子的一条腿受到的重力都要超过测出的引力很多倍。也就是说，我们想要拿蚊子腿的重力与这两个球之间的引力相比较的话，只能把蚊子放在显微镜下，切它的一部分触须了。

万有引力常数最精密的就数赫尔（Heyl）在美国度量衡标准局所确定的了。在这个测量结果中我们发现，地球的平均密度比水的 5.5 倍略多一点。这个数值比平常石头的密度大上不少，却依然比铁的密度小了一些。但是地球外壳的平均密度只是这个数目的一半，所以地球中心的物质密度不仅比铁大得多，而且在强大的压力下，密度甚至超过了铅。在目前主流的理论中，存在于地核中心大量致密的物质很可能就是无比紧密的铁，也就是说，地球中心是一个巨大的铁块。

呈曲线运动的纬度

我们都知道地球是绕轴旋转的，而这个轴在通过其中心在两极与表面相交的位置。如果我们站在极的中心的一根竖起的棒子旁边的话，每 24 小时就会被地球带着绕棒旋转一周。之所以对这种运动有着感知，那是因为在我们眼里的日月星辰都因为周日运动而朝反方向水平运行。不过人们在这些运动中发现了一个更为重要的现象——纬度的变迁。也就是说，地轴旋转时与地球表面相交的位置并不是固定不变的，而是在一个直径约18米的圆圈中做可变而不规则的曲线运动。具体地形容这种现象的话，就是说假如北极上的那个极点被我们观察到的话，就能直观地观察到它每天围绕着一个中心点转，并且0.1米、0.2米或0.3米地移动。在运动过程中，它时而靠近这点，时而远离，但是它总是不断地照着这个不很规则的路线行进着，大约14个月就会形成一个圆圈。

对于我们普通人来说，地球是一个庞然大物，那么人们是如何发现它这样小的变动的呢？答案是：通过天文观测，人们测量出了任何夜间当地铅垂线与当日地球自转轴所成的精确角度。1900年，国际大地测量学会（International Geodetic Association）在地球四面设立了四五个观测点来测量这种极点的变动：第一处在盖瑟斯堡（Gaithersburg），第二处在太平洋岸，第三处在日本，第四处在意大利。而国际大地测量学会做的并不是一个前无古人的工作，实际上在欧美的许多地方已经完成了类似的观测。1888年，德国的库斯特耐尔（Küstner）通过众多的天文观测发现了这种变迁，虽然当时他并不是为了观测这种变迁。在他之后，这方面的考察就一直延续下来，以便确定上述变迁的运动曲线。不过就目前所知的这种变迁并不是一成不变的，而是有的年份大，有的年份小。仔细研究多年的观测结果会发现，在每七年中一定会有一年北极点画的圈子比较大，并且在三四年后它又保持数月几乎不离中心。

在天文观测资料中也可知道地球自转并不是十分规律的，而是时快时慢，这种变化的幅度约为1毫秒。而且地球还包含幅度约3毫秒，周期为近十年甚至十年不等的所谓"十年尺度"变化和周期为2～7年的所谓"年际变化"的不规则变化。尽管人们并不能确切地知道引起该变化的具体机制，不过人们相信地核与地幔间的互相作用绝对会对此产生重要的影响。年际变化的幅度大约是十年尺度变化的1/10，为0.2～0.3毫秒。厄尔尼诺现象期间，赤道东太平洋海水温度的异常变化与这种年际变化具有相当大的一致性，因此也可能与全球性大气环流有关。不过这种一致性的真正原因还有待人们去挖掘。

不管是在天文学家还是物理学家的眼里，大气都是地球最为重要的附属品。虽然在我们的生活中大气是非常必要的，但是对于天文学家来说，在进行精密观测的时候，大气却是一个巨大的障碍。大气会吸收一部分从中经过的光，使得观测到的天体颜色略微改变，就算是最为晴朗的夜晚，星星也会暗淡一些。而且经过大气的光还会被弯曲而沿着一条略凹的路线行进，使得天文学家眼中的星辰比实际位置更高了一些。不过从天顶直射下来的星光并没有被弯曲，距离天顶越远，折光就越严重。在距离天顶45°的位置，折光的差已经达到了一弧分。虽然肉眼并不能发现这个曲折的程度，但是对于天文学家来说，这个误差已经非常大了。物体越靠近地平线，其折光率就越大：离地平线28°时已比45°时增大了一倍；要是地平线上眼见的天体折光误差为半度以上，那么它已经比肉眼看到的太阳和月球的直径还大了。也就是说，在日出日落的时候，我们在地平线上看到的太阳实际上还在地平线以下，我们只是通过折光看到了它。地平线附近折光率增大使得在那里看到的太阳要扁一些，也就是垂直方向更短一些。这是因为太阳的上半部较下半部受到的折光率更小。在海上看日出日落的话，这种景观是普遍存在的。当太阳在热带地区晴朗的傍晚下沉到海洋的时候，浓厚的空气中会出现一种美丽的景致。我们都知道三棱镜按照角度不同折射的光线也不同：对于紫色光线折射最多，按照紫、靛、蓝、绿、黄、橙、红的顺序逐渐减小折射的角度。而大气也像三棱镜一样，并且对各色光线产生不同的折射率。当最后一抹光线消失在海平面的时候，被大气分解折射的各色光也会按照一定的顺序慢慢消失。在太阳停留在海平面上最后的两三秒时间里，它的可见边缘的颜色会迅速改变，直到暗淡不见。因为波长更短，折射更大，在没有到达我们眼睛之前已经被大气散射和吸收了，所以我们并不能看见落日最后一刻的蓝光和紫光，只有最后一抹绿色会映入我们的眼帘。

第四节　月球

通过多次不同的方式进行测量，最终确定了月球到地球的平均距离为 38.6 万千米。测量距离的方法有很多种，这个距离是根据直接测量视差来进行计算的，在以后的研讨中会详细跟大家解释什么是视差。众所周知，月球是环绕着地球运转的，那么，根据月球的轨道运动也是可以计算出月球到地球的距离的。月球环绕地球运转的轨道是椭圆形的，因此，关于它的实际距离，会经常性地存在误差，或多或少的情况时有发生，有的时候就要少于平均距离 1.6 万千米，甚至是 2.4 万千米。

月球的直径是 3476 千米，大概是地球直径的四分之一多一点点。表面上看，月球似乎不成方圆，但其实经过精湛周密的测量，它确实是球形的。

月球的公转与位相

人们似乎很难理解月球陪同地球一起环绕着太阳联合运转的运动理论，我们可以举个例子：在急速前进的火车上放一把椅子，一米以外，一个人以椅子为中心绕圈，无论绕多少圈，他与椅子的距离都不会发生任何变化，并且与火车的运动也无半点关联。一样的道理，地球绕着太阳运转时，月球环绕着地球运转，其距离是不会发生改变的。由此看来，表面上看比较复杂的理论，实则简单易懂。

月球需要 27 天又 8 小时才能完成环绕地球一周；一个新月（朔）到另一个新月所需要耗费的时间是 29 天又 13 小时。为什么会有这样的不同呢？我们可以参考图 21 来进行解释说明。地球环绕太阳的轨道是弧线 AC，在某一个时刻，假设地球正处于 E 点，月球则在地球与太阳之间的 M 点，地球在沿着弧线 AC 的轨道运行时，月球也在自己的轨道上，也沿着同样的弧线方向运行，经过了 27 天 8 小时，地球从 E 点游历到 F 点，而月球则再一次回到众星之间的 N 点，完成公转一周。此时的 EM 与 FN 也恰好平行。但太阳却在 FS 上，月球所处的 N 点并非地球与太阳之间，想要回到它们的中间，就不得不继续运转，也就是 29 天 13 小时了。图 19 很清晰地说明两个运转时间存在差距的原因，地球环绕太阳运转，而太阳则是沿着黄道的视运动。

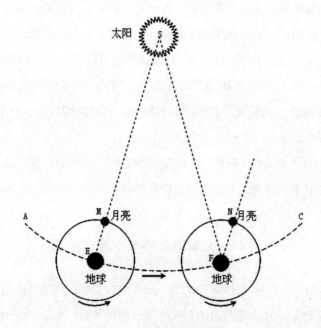

图 19　月球绕地球的公转

月球是一个不发光的物体，它依靠太阳的照射而反射光芒。也就是说，月球的位相（phases）取决于太阳的位置。史书中所记载的"新月（朔）"就是当月球位于地球和太阳之间，太阳没有照射到月球的那一侧对着我们的全黑的面貌。不仅如此，新月后的两天，月球处于黄昏的暮霭中，所以人们还是只能看见它全黑的一面。新月后的翌日，太阳所能照射到的月球的一点点位置，会形成一轮形似弯眉的形状，虽然史书中记载的新月时间比这个要早，但仍被称作新月。

新月结束几天之后，月球的面容就会显露无遗，从地球反射到月球的部分，会散发着微弱的光芒。实际上地球要比月球大很多，但站在月球上看向地球，视野里会呈现出一轮蔚蓝的满月。地光会伴随着月球的运动逐渐暗淡，直到上弦时，地光彻底消失。原因在于，地光不断趋向暗淡，且月球上有光的部分也在慢慢增强。下弦时的情形则同理。

月球的上弦期在历书中的记载就是新月（朔）后的第七天左右，此时月球会呈现给我们大概一半的光亮。"凸月（gibbous phase）"就是指在此之后的七天时间月球呈现出的状态。接下来就到了"满月"，此时的月球会把所有的光亮展示给人们，这种情形出现在新月后第二个星期的后几天，而月球正与太阳对视。满月之后，月球的位相就会再回到原来的位置，如此循环。

我们认为过于普通而不值得用寓言描述的事情却有很多诗人书写。然而，一些诗人的描绘却是现实里完全不能发生的事，比如，诗人会描绘新月出现在东天，傍晚则是满月光洒西天，尽管美轮美奂，但与事实完全不符。英国诗人Coleridge 在他的名作《古舟子歌》（*The Rime of the Ancient Mariner*）中的描写似乎将黑暗物体忽略了，仅仅是一颗星悬于蛾眉月的两尖之中。

月球表面

月球的表面有着比较明显的明暗区域，这些可以很清晰地呈现在人们的视野里（图 20）。所谓的"月中人"就是指比较暗的区域，因为它很像人的一张脸，眼睛、鼻子这样的器官特别突出。在望远镜下，那些凸出的地方尤为显眼，其实这些就相当于我们地球上的山，但无论是月球上的任何东西，都是越好的望远镜，看得越清晰、越细微，当然，对于月球表面的观察，即便是最小的望远镜也是可以观测的。下弦月时是观察这些凸起部分最好的时刻，因为这个时候的日出日落照射出的长影会将这些山呈现得更清楚；而满月的时候，太阳光直射在月球表面，那所有的一切都是亮的，山就显得不那么清晰了。这些山大部分都形似一座直径为若干千米的碉堡，城墙接近一千米之高，但中间却

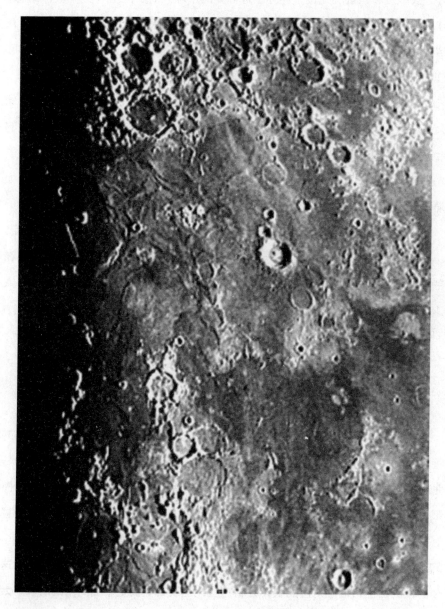

图 20　月球的表面

是平坦的，故而，称为环形山。那么，跟地球上的山其实就有着形状上的不同，更似于地球上火山的喷口。月球上的这些环形山，通常都会有一个或者多个山峰屹立其中，它们和城墙会在上弦月的时候将英姿投射到内部的平坦地面上。

起初，由于黑暗的区域相对来看是比较平坦的，因此人们就进行了假设，设定黑暗的区域是海洋，光亮的区域是陆地。不仅如此，还给海洋命名，而且这些名称留存至今仍在使用，比如，Mare Imbrium（雨海）、Mare Serenitatis（澄海）。但随着望远镜的不断更新，也逐步证实了这些假设仅仅是一个假设，并不真实。所谓的海洋不过是月球表面地势比较低的地方而已，月面物影的阴暗决定了它们形状的各不相同。再之后，探月卫星问世，人们也真正地踏上了月球，当切切实实站在月球表面的时候，目睹月球表面上的形状大小各不相同的石头和那些环形山，就完全否定了早期的假设。随着科技的进步，人类的不断钻研，如今已经掌握了月球表面的月海地形有 16% 的覆盖率，这些月海地表是由火山喷出的高温熔岩冲蚀而形成，剩下的地表则是由流星碰撞之后留下的碎石和尘土覆盖着。

即便是最普通的望远镜也能很清晰地观测到月球上从某一点发出的那些闪亮的光线。第谷（Tycho）环形山旁，大概在月球南极，是光芒四射的一个来源，仿佛月球是一个被击碎的露着缝隙的球体，缝隙里还是满满的熔化了的白色物质。正是这种现象，让大家一度认为火山曾将月球当作了发威的地方。还有人认为，这种现象是陨石撞击月球形成的，但针对这些线状辐射纹的成因至今都没有一个最终的结论。

在人类还没有登陆月球以前，科学家们就对月球上是否有水和空气给出了定论，其答案就是：没有。后来的月球探测器、人类登陆月球都证明了科学家们给出的答案的准确性。其实，只要月球的大气密度能达到地球大气密度的百分之一，就足以让我们利用星光飘过月球表面时的折射看到它们。水往低处流，只要月球上有水，那么，水流一定在某个低凹处流淌，然而，若是赤道上有这样一条流淌的水流，太阳光就会被其反射，但始终也没有察觉出丝毫的踪迹。

生命的延续需要依靠空气和水，那么，产生上述问题的终极点无非就是月球上到底有没有生命的存在。

月球上不存在水和空气，但地球是存在水和空气的，那么，毫无疑问，两个球体的生态变化就是截然不同的，月球也永远不能经历地球所经历的一切变迁。地球上的石头存在风化现象。何为风化？其实就是石头要永远经历气候的洗礼，风和水终日冲洗着石头，石头慢慢地被冲散开，最后形成土壤和沙砾。但在月球上除了陨石碰撞以外不会有任何其他的变化，而且是永远。可以准确地说，月球上并无气候变化，一块石头可以在月球表面永远完好无损，高枕无忧。但是，月球表面是没有大气层对其温度进行保护的，太阳直射时，温度极高；太阳下山，温度又极低，然而这个过程在太阳退去后的极短的时间内完成。除了以上两种情况外，可以说，月球就是一个既无风雨春秋，也无朝露晚霞，没有起伏的沉寂无声的世界。

月球的自转

古时候，人们对月球环绕轴旋转存在很大的分歧，有人认为是，当然，也有人认为不是。对此我们进行一个详细的阐述。月球的自转周期与它环绕地球公转的周期是相同的，因为，众所周知，月球一直都是用一面来面对地球。然后，也由此引发人们的一个新的观点：月球根本就不转。诸多不同的观点之所以产生，其根源在于对运动定义的不同理解。站在物理学的角度上分析物体旋转与否可以这样判定：在转轴之外的任一方向，让一根直线经过，只要直线的方向不变，那么就可以定义为此物体不转。我们可以将月球设定为这个不自转的转轴，有这样一根直线经过它，不管月球身处地球轨道的任何一点上（如图21所示），直线的方向都是永远不会变化的。对此图稍加分析，可以得出，月球若是不自转的，我们是能观测到整个月球表面的。

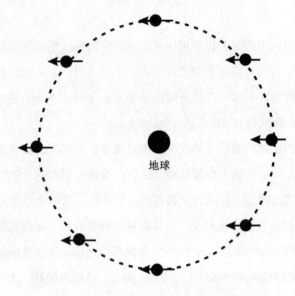

图 21　假如月球不自转时月球的运动

潮汐的形成原因

　　生活在海边的人对于海潮的涨落是再熟悉不过了。其实，月球的周日视运动与海潮的涨落十分契合。海水涨潮要迟于月球经过地子午圈45分钟之久，换言之，当月球在天空的某个角落出现时，海水恰好涨潮，此后的每一天、每一年，月球都会周而复始地出现在那个角落。潮汐是由月球施加在海洋上的作用力构成，任何地点，只要月球在它的上方，就会产生引力。对此，人们很好理解，但是一天产生两次潮汐，就成为一个难以理解的题目。在解答这个问题之前，我们要首先了解引力。其实月球的引力不仅影响着它对着的这边，也影响着背对月球的那一边。但距离月球越远，所受的引力就会越小，也就是说，引力的大小与距离是反比关系。那么，不难理解，地球上距离月球近的一边承受的引力就大一些，另一面所承受的引力就会比较小。两种力量的差异效果，就如同地球被拉偏。所谓的潮汐就是正对与背对着月球的方向，而这个方向就是拉偏的方向。

这里不打算利用相关的运动规律来解释这种情况，但必须强调的是，如果月球对地球的引力的方向永不改变，那么，不出几日，二者就会相撞。但月球是环绕地球旋转的，所以方向是不可能不发生变化的，在一个月之内，拉离地球的平均位置大概就是 5000 千米。

还有人提出这样的假设：月球可以引起潮汐，那是不是意味着它可以在子午圈引起高潮，在地平线上引起低潮？显然，答案是否定的。原因有两点：第一，地球上水的占比很大，同时又具有巨大的惯性，那就会导致潮汐现象要延迟于月球的相对位置。也就是说，月球离开子午圈以后，潮汐现象依然存在着（图 22）。我们可以举些例子：一块石头在离开手之后，依然继续前进，水的动力会将波浪推送到高出水平线以上的位置。第二，大陆的隔断。大陆的情形改变了潮汐的走向，然而，从一点到另外一点是需要时间的。那么，将各地的潮汐进行对比时就会各不相同了。不难理解，延迟所需的时间就刚好是 45 分钟。

潮汐不仅仅受月球的影响，同时也受太阳的影响，只是影响力较小。关于太阳和月球对于潮汐的影响力的不同，感兴趣的读者可以根据之前我们所提供的相关数据和资料进行研究。生活在海边的人都知道"大潮（spring tides）"和"小潮（neap tides）"。所谓大潮，就是在新月和满月时，二者同在一条线上时所共同带来的引力，从而引起的高低潮。而小潮就是在上弦和下弦时，月球的部分引力被太阳抵消，此时的潮汐既不高涨，也不那么低落。

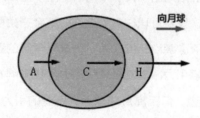

图 22　月球如何每日引起两次潮汐

第五节　月食

　　月球进入地球的阴影时称为月食。月球经过太阳与地球之间时称为日食。日食和月食存在着许多有趣的情形和规律，接下来会为读者进行阐述。

　　并不是每一次满月都会有月食出现，尽管地球的阴影一直都处于太阳的背面，但满月的月球却时而在阴影之上经过，时而在阴影之下经过，所以就会有不被侵蚀的情况。究其根本，是因为月球的轨道与黄道平面大概存在5°的倾斜，地球则在黄道平面上运行，阴影中心刚好射在这个位置。按照我们之前的假设，在天球上将黄道勾画出，同时将白道，也就是月球在天球上运行的视轨迹也画出，那么月球的轨道与太阳轨道在相对的两点5°相交。这两点叫作"交点（nodes）"。而交点又可分为"升交点（ascending node）"和"降交点（descending node）"。所谓升交点，就是指一交点上月球由下至上，换言之，从黄道南至黄道北。而降交点则是在另一点上月球由北向南。

　　由于太阳比地球大，因此地球的阴影，也就是本影向远处投射时会呈现出一个圆锥体。正对着地球的月球轨道的位置，也就是地月距离处锥体阴影的截面直径是9600千米，是地球的四分之三。阴影只能在黄道上下各占4800千米，因为，阴影的中心在黄道平面之上，也就是位于地球后面的月球轨道上。两个交点之间，地月距离的十二分之一则是月球轨道偏离黄道面最远的两点和黄道平面的距离，大概32000千米。也就是说，月球想进入地球的阴影部分，月球就必须刚好处于两交点附近，与此同时，又正在地球身后（图23）。

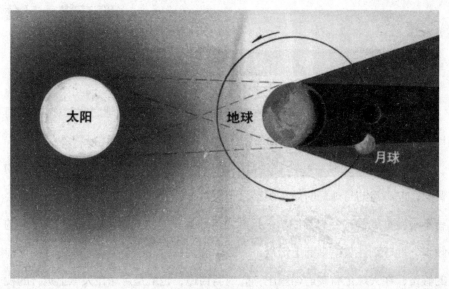

图 23　月球在地球暗影中

食　季

　　太阳与地球的连接线一年之内要经过黄白交点两次，因为它的方向随着地球环绕太阳的方向变化。假设在天上画出两个交点，升降交点各占一处，太阳顺着黄道向东运行，那么它在行走时就要在一年之内经过两交点。太阳经过一点，地球就会经过另外一点，那么，日食或是月食就会每隔6个月出现一次，出现的频率就是一年两次。出现的时间大概1个月，我们称之为"食季（eclipse seasons）"。而这一个月则是指当太阳距离交点足够近时，月食出现，时间从这一刻开始到太阳距离交点远到不能产生月食的过程。

　　如果月食的出现只能是固定的两个月份之间产生，那也就意味着黄白交点的位置是固定在黄道上的。但由于太阳赋予地球和月球引力，交点的位置不仅逆着地月运动方向，还不断地变化。每一个交点的环天球向西旋转的周期是 18 年又 7 个月（平均每年比上一年提前 19 天），与此同时，食季也在相同的周期完成倒转一年。

肉眼下的月食

从月食出现时，我们就开始观察月球，会发现它沿着东边逐渐暗淡，直至消失。月球前行的同时，阴影在逐步地吞噬月面，从而黑暗面慢慢扩大。但如果你细心地观察，被阴影吞噬的那部分，不仅没有完全消失，反而是散发着微弱的光芒。慢慢地，阴影将月球全部吞噬，就形成了全食。而偏食则是月球只有一部分被阴影吞噬。由于月球不能被其他光亮干扰，所以全食时，照在月球表面的光会更加清晰。我们之前讲解过折射，地球的大气折射形成一种暗红色的光。当太阳光线越过地球边缘或是距离地球表面不远的地方，均会发生折射，并且投射到阴影里去，自然，就会投射到月球表面上。落日的红色与这种光的红色具有相同的成因：绿色和蓝色的光线波长比较短，所以会被大气吞噬，但红色的光线波长比较长，所以会透过大气，从而形成红光。

一年会发生两到三次月食，基本上全食会出现一次。但也不是人人都能看到，只有恰好有月光的那半球才能看得到（图 24）。

站在月球上，我们可以想象得到月食的时候，可以看见地球制造的日食，而且不仅能看得到，还能看得很清楚。站在月球上，我们所能观测到的地球，一定要比身处地球看到的月球大，它的直径远比太阳大三到四倍。刚开始的时候，强烈的太阳光并不会使人们看到接近它的物体，呈现在人们视野内的就是那些太阳光被看不见的物体所掩盖的。直到地球完全遮住太阳，轮廓才得以显现。通过环绕在地球周围的大气而折射产生的红光仍存在着，当太阳消失后，就会出现一个带着红色光环的黑暗物体，也就是地球。

图24　月食全过程

　　下一个章节要阐述的日食与月食的情形各不相同。当月球升起时，在被侵蚀的情况下，会产生一个比较奇妙的现象，被侵蚀的月球与傍晚中的太阳在东西地平线上同时出现，表面上看此情形有悖于太阳、地球、月球在同一个地平线上的理论，但其实，其中之一此时身处地平线以下，缘于地球大气层折射的关系才能使整个地球都可以看见月光下的月食。

第六节 日食

　　假如月球恰好在黄道平面上运行，它每次新月的时候，就都会在太阳面上经过。可是由于它轨道的偏斜（见前章），就只有在太阳正接近黄白交点之一时才可能发生这样的事情。那时我们如在地球上恰当的地方，就可看到日食（图 25）。

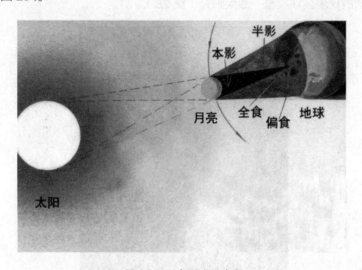

图 25　日食形成示意图

　　如果月球从太阳面上路过，就会产生一个问题：月球是否会掩盖太阳面的全部？这关乎两个天体在视觉上的大小问题，并非仅是实际大小的问题。从我们视觉角度来看，太阳似乎与月球的大小差不多，但实际上，太阳的直径是月球的 400 倍。为什么会给人们带来这样大的视觉差异呢？原因在于，太阳要比月球远出 400 倍。月球运行的轨道并非正好圆形，所以月球的大小就会有些差距。当月球看似大些时，就意味着月球完全掩盖住了太阳；当月球看似小一些的时候，就证明它没有完全掩盖住太阳。

当月食发生时，无论你站在哪个角落，看到的月球都是一样的；但在日食发生的时候，它的情形却要取决于观测的位置。而这恰巧是月食与日食之间最大的区别。更加有趣的是"中心食（central eclipse）"，它是日食的一种，是指月球的中心刚好掩盖了太阳的中心。观测者只有在连贯日月中心直线所达的位置才能看见这种日食的芳容。而所谓的"全食（total eclipse）"，是指月球全部挡住太阳的情形，此时的月球看似要比太阳大。

　　"环食（annular eclipse）"是指当太阳看似要大一些的时候，又逢中心食，月球的周围会环绕着一圈太阳光（图26）。

图26　日环食全过程

　　在航海历书中最早记录了表明日食区域和路线的地图，其实就是当日月两个中心的连接线刚好经过地面的路径图。如果想观赏到全食或者是环食，那就要在中心线经过的路线临近南北的地方，但绝对不能超出160千米。月球遮住一部分称为偏食，想要观赏到这种景象，就要在这个界限以外了。如果更远，那便欣赏不到日食的景象了。

壮观的日全食

大自然馈赠给人类很多美景，日全食便是其中之一（图 27）。当我们置身于高地，可以眺望到很远的地方，月球的那一边，更是美不胜收。独特事件在出现前，或者说即将出现日全食时，太阳圆面上会有某些预警，而不会呈现在地球或空气中。此时，太阳西部的边角出现一个小小的缺口，并且在一点一点地随着时间扩大。

月球的黑影在一定的时间内（或许是一个小时以内）会不断地扩张，不断地侵蚀太阳的领地。当我们身处一棵树旁，太阳的光线恰好从树叶间的缝隙中钻过，并且，带有缺口的偏食的太阳的景象会投射到地球上。没过多久，新月便代替了太阳，只是这时的新月不会变大，反而变小。或许是因为人们的眼睛已经记住了太阳的光芒，即便是新月已然变小，也仍旧不能将太阳的光辉挥散。其实，想拥有更好的角度去观赏月球上的山，可以利用带有观测太阳专用滤光镜的望远镜来实现，余下的光辉依旧那样温和，并且井然一致。而月面上山的样貌则是被月面侵蚀的一面，这一面并不平整，凹凸不平。

图 27　摄影师 Luc Viatour 在 1999 年法国日全食时拍到的贝丽珠（www.Lucnix.be）

"新月"消失殆尽，矢志不渝的月球仍在前行，太阳的边境迎来了山峰，太阳只能从月面的凹处挤出点点光亮；美丽而吝啬的"贝丽珠"稍纵即逝，这颗镶了钻石的戒指只给我们一秒的时间观赏。

日光逐渐消散，此时仿佛黎明乍现，天空中却繁星点点。此景着实壮观。天空中不仅不见太阳悬挂，反而是暗黑的月球代替了它。之前提及的"日冕"就是此时的月球环绕着一周的光圈。虽然肉眼就可以见证它的美，但利用望远镜却别有一番景致。说到望远镜，大的好的望远镜反倒不如一个廉价的放大10倍到12倍的望远镜看到的景象美丽，甚至一个玩具望远镜的效果都比大的好的望远镜要好。因为，大的望远镜只能看见日冕的一个部分，最美的景致是看不到的。然而，后者不仅能使我们看见日冕，还能让我们看见日珥。所谓日珥，好像是月球上喷射出形状不一的红云，盘旋着，飞舞着。

当我们醉心于这种美景之时，月面慢慢地经过了太阳，贝丽珠揭开面纱，月面逐步地从占领的区域上退去，光点慢慢扩大，新的月形逐渐构成，点点繁星伴随着光线越来越亮也开始逐渐消逝。最后的缺口还原，日食完全退去，光明重现人间。

史书中的日食

在古代的历史书中很少有关于日食的详尽记载。在中国的古书中虽然有相关记录，但也不详细。然而，古人却似乎很了解日食，了解它的成因，甚至能推算出周期。亚述学家（Assyriologists）在古书中找到了一段关于日食的记录，记录中表明公元前763年6月15日日食出现在尼尼微（Nineveh）。当下天文年表也证实了记载的准确性，阴影在尼尼微的北部大概160千米处路过。

泰利斯日食（eclipse of Thales）在古代是闻名遐迩的，但同时也饱受争议。它的历史依据源于希罗多德（Herodotus，古希腊史家）的记载。传说吕底亚人（Lydians）与米堤亚人（Medes）两军交战之时，白昼突变黑夜，双方因此休战讲和。但还有传说，泰利斯（Thales，古希腊哲人）曾向希腊人预言过白昼会变成黑夜的情况，并且还指出了具体的年限。而天文年表中也证实了公元前 585 年确有日食出现，时间也很临近此次战争，但阴影的路线要在日落后才能到达战场，所以，对于此事的真实性至今为止尚且没有定论。

日食的规律

在古代，我们就知道食具有一定的出现规律。"沙罗周期（Saros）"就是指日月在 6585 日 8 小时，18 年又 11 日的周期返回交点以及近地点的区域。1846 年和 1882 年的食在 1900 年的 5 月再次上演，也就是说食都是在沙罗周期之后重现。但由于周期中多了 8 个小时，所以当食再一次出现时，所能看见的地上区域就会有变化。在这 8 小时内，地球又绕轴自转了三分之一，不同也就产生了。每次的食所出现的地方都会比之前向西移经度 120°，也就是那三分之一的环球路程。三次之后就会回到原来的位置。与此同时，月球的运行路线发生了改变，因而，阴影较之前会向南或是北面移动。

全球范围内，日全食每三年约可出现两次，但并非地球上的任一角落都能看见这两次，甚至有些地方平均 300 年才能看到一次日全食。从 20 世纪计算，以往的 100 年内，出现全食的时间一次比一次要长。日全食出现的最长时间是7.5 分钟，在 1937 年、1955 年、1973 年，全食的时间均超过 7 分钟。

日　冕

日冕由高度稀薄的气体构成，只有在日食的时候才能看见它，而它又是日全食中最迷人的景象。太阳周围的珠光随着日全食的出现而出现，也随着它的消失而消失。日冕在照片中看上去结构凌乱复杂，形状却依照太阳黑子的数目增减而改变。

在太阳黑子最多的时候，日冕会出现在太阳的各个方位，且范围也大抵相似。此时的它宛若一朵盛开的天竺牡丹，精美的花瓣不断地朝各个方向延伸。

暗弱的流光，红色的日珥之上，仿佛一个精巧的拱形门，别具特色。

当太阳黑子逐渐降到最少，日冕在两极呈现出的短穗，延伸于赤道，并且逐渐弯曲，仿佛是铁屑在磁铁石附近展示出的样子。当流光向赤道部分伸展之时，就像鸟的翅膀，景致别样。

日冕可以视为天界奇观的至美景色，但在天文学上所做出的贡献实在令人唏嘘。日冕的美绝无仅有，也稍纵即逝。但在过去 100 年间留存下来的美图，对于研究已经足够了。我们经常要到偏远的地方对其进行研究，耗费了大量的时间及人力、物力、财力，但它给我们的回报却不足以支撑如此之多的付出，至于它还能给人类带来哪些贡献和回报，犹未可知。

第四章

行星及其卫星

第一节　行星的运动和位置

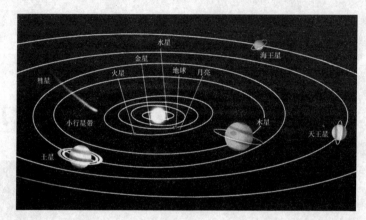

图 28　太阳系天体

实际上，恒星绕着它的中央恒星运转的轨道并不是规整的圆形，而是扁的程度极小的椭圆形。当然，这样的扁度如果单凭借肉眼观察而不测量的话是不能发现的。太阳并没有处在椭圆形轨道的中心，而是在椭圆的一个焦点上，有时焦点与中心的距离单凭肉眼就能看出来，通过这个距离得到的偏心率比轨道扁的程度要大得多。比如与水星轨道扁度 0.02 相比，它的偏心率就要大得多。假定其轨道长轴为 50 单位，那么它的短轴就是 49 单位，在这个比例中，太阳与轨道中心距离可能会达到 10。

为了更形象地说明这个现象，我们可以把太阳系天体的轨道图用画纸描绘出来，并在图中尽可能准确地画出轨道的形状与相对的位置（图 28）。画好之后，我们略一观察就会发现，这些轨道在某些点上时距离太阳近一些。

尽管提到专业的术语可能让读者对天体科学的兴致产生一些抗拒，不过为了更清楚地理解行星的真实或视在运动，我们可敬的读者不妨多一点耐心，了解一些天文学中的概念。

内行星（inferior planets），指的是水星和金星一样的行星，它们的轨道位于地球轨道以内。

外行星（superior planets），包括火星、小行星以及外层的四大行星，这些行星的轨道在地球轨道之外。

如果在我们看来，一颗行星正经过太阳，并与太阳在同一个方向相并在一起，那么就叫作与太阳相合。

下合（inferior conjunction），是指行星被夹在太阳与地球之间的合。

上合（superior conjunction），是指太阳处于行星与地球之间的合。显然，外行星一定不会出现下合的情况，不过内行星可能产生下合和上合的情况。

当一颗行星与太阳的方向相反，或者说，是地球处于行星与太阳中间的时候，叫作"冲（opposition）"。此时的行星在日出时落下，日落时升起。当然，作为内行星，是没有冲的。

近日点（perihelion）是轨道离太阳最近的一点。

远日点（aphelion）离太阳最远。

当金星和水星这样的内行星围绕太阳旋转的时候，用肉眼看来，就像是从太阳的一边到另一边。

距角（elongation），就是任何时候内行星到太阳的眼见距离。

因为水星的轨道偏心率大，所以这颗行星的最大距角通常在 25° 左右。

当金星或者水星位于太阳以东的时候，日落时我们就会看见它位于西天；而在太阳西面的时候，天亮的时候就会发现它在东天。由于这两颗星总是遵循着上述规律，绝对不会偏离太阳过远，因此如果你在黄昏的东天，或是黎明的西天看见两颗行星，它们绝对不会是金星或是水星。

任何两个行星的轨道都不会完全处在同一平面内。也就是说，当我们沿着一个轨道水平望去的时候，没有任何一个轨道与其重合，都是略有倾斜的。为了方便起见，天文学家把黄道平面（或者地球轨道所在的平面）作为基准参考平面。由于太阳是任一个轨道的中心点，因此这些轨道与地球轨道水平面都会有两个相交的点。换个更为准确的说法：这两点就是行星轨道与黄道平面相交的地方，也叫作"交点（nodes）"。

轨道交角（inclination），指的是轨道和黄道平面的夹角。内行星的轨道交角较大，其中最大的是水星轨道交角，约为 7°。金星轨道交角约 3° 又 24 分。而外行星的轨道交角从天王星的约 46 分到土星的 2° 30 分。

行星的间距

除了海王星之外，行星间的距离都是很有规律的，它们密切地吻合提丢斯 – 波德定律（Bode's law）。这条定律是以天文学家提丢斯和波德的名字命名的，它的内容是：除了海王星，行星的大致距离可以这样估算，取 0、3、6、12、24 等数，从第 2 个数往后，后一个数是前一个数的 2 倍，然后再在各数上加 4。

水星 0+4=4　实际距离 4

金星 3+4=7　实际距离 7

地球 6+4=10　实际距离 10

火星 12+4=16　实际距离 15

小行星 24+4=28　实际距离 20 ~ 40

木星 48+4=52　实际距离 52

土星 96+4=100　实际距离 95

天王星 192+4=196　实际距离 192

海王星 384+4=388　实际距离 301

当然，天文学家并不会用我们常用的距离单位千米来作为天体距离的单位。这样做的原因有两个：第一，对于两个天体来说，以千米来做距离单位就像用厘米来表达两座城之间的距离，在天体遥远的距离对比下，千米实在是太短了。第二，我们很难用尺子来固定地测量出两个天体之间的距离。为了解决度量的问题，天文学家把地球到太阳的距离作为一个单位，这样就能方便形象地表达行星间的距离了。用这个度量来表示行星与太阳之间的距离的话，只要把上表中的数字小数点向前移动一位就可以了，也就是说上表中的最后一个数字除以10。

为了方便与提丢斯 – 波德定律相比较，也为了避免过多的小数点分散了读者的注意力，我们把行星距离小数点后两位四舍五入，例如水星距离是 0.387，我们只记作 0.4 乘以 10。

开普勒定律

开普勒发现了一种行星在轨道中运动的规律，我们就把这规律叫作"开普勒定律（Kepler's laws）"。之前提到过这定律的第一条是，行星轨道是椭圆形的，太阳在其一焦点上。

第二定律是，行星离太阳愈近，运行愈快。为了让读者更容易理解第二定律，我们可以用数学化的语言来描述它：由于在相等的时间内行星与太阳的连线所扫过的面积是相等的，因此当行星与太阳距离比较近的时候，行星只能运行得快一些，以便在相同的时间内连线可以扫过同样的面积。

第三定律是，行星距太阳平均距离的立方与其公转周期的平方成正比。这条定律说的是，如果一颗行星到太阳的距离比另一行星远 4 倍，那么它绕太阳一圈比另一颗行星要慢 8 倍。那么我们是如何得到 8 倍这个数字的呢？根据这个定律，我们把 4 做立方运算，得到 64，再求出 64 的平方根，即为 8。

由于天文学家把地球和太阳之间的平均距离定为太阳系的基础距离单位，那么注定内行星的平均距离为小数了，当然外行星的距离必然大于 1，从火星的 1.5 到海王星的 30。当我们对这些距离进行立方再开平方根之后，得到的就是它们的公转周期了（以年为单位）。根据上面给出的资料，有兴趣的读者就可以算出每颗行星的公转周期了。

对于一颗行星来说，它越是处在外层，绕行轨道的周期就越长，这不仅仅是因为路程远，而且它们走得也很慢。还是用远了 4 倍的外层行星举例子，因为它的运动速率减了一半，所以它绕上一圈就需要 8 倍的时间。事实也是如此，海王星的路程要比地球远上 30 倍，而与之成反比的是地球在轨道中运动速率是每秒钟 29.8 千米，海王星的速率每秒钟却只有 5.6 千米。因此海王星如果想绕太阳一周的话就需要十多年。

不过开普勒三个定律也是站在巨人的肩膀上完成的，是开普勒经过无数次研究第谷留下的资料之后，仅凭借观测和猜测得到的，并于 1619 年发表在《宇宙和谐论》中。在一个世纪以后，牛顿也得出了这样的结论——如果你学过牛顿的万有引力定律的话，你会轻易地从数学上得到这三条结论。

第二节　水星

　　说了这么多，我们要按照距离太阳由近及远的次序开始认识我们身边的大行星了。我们第一个要认识的就是离太阳最近的水星。它是八大行星中最小的一颗，如果不是因为它的地位的缘故，它几乎不被承认位列大行星之中。因为水星的体积和它直径的立方成比例，所以虽然它的直径是月球的二分之三，不过它的体积比月球大了 3 倍多。

　　虽然在以后的讲述中你会发现有的小行星的轨道偏心率要大于水星，不过在大行星中，水星的轨道偏心率却是最大的一颗。受偏心率的影响，水星和太阳之间的远近相差也是很大的，在近日点上相距不到 4700 万千米，而在远日点上距离却会大于 6900 万千米。水星绕日的公转周期不到 3 个月，确切地说是 88 天，就是说，在一年内它会围绕太阳旋转 4 次还多。也就是说，在地球围绕太阳转了一次的时间里，水星已经绕过了 4 次还多。水星与太阳的"合"虽然不完全相同，却有着一定的周期。为了更形象地表示出水星的运动规律，我们用图 29 来解释，此图中的内圆代表水星轨道，而外圆代表地球轨道。当地球在 E 点而水星在 M 点时，水星正与太阳在下合点上。3 个月之后，它又回到 M 点，但这时却并无下合，因为同时地球也在轨道中运动了。当地球到达 F 点而水星到了 N 点时，又有了下合。这种由一个下合到另一个下合的周期运动叫作行星的"会合周（synodic revolution）"。水星的会合周比实际公转周期多出 1/3 不到一点；这就是说，MN 弧略小于圆周的 1/3。

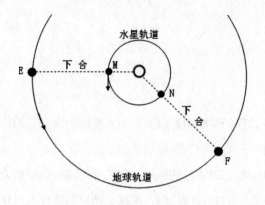

图 29 水星合日

我们再来观察图 30，假设地球处于 E 点上，而水星在最高处 A 点附近。此时的地球处在离太阳距离最远的一点上——就是术语中的"大距"上。当水星位于太阳东方的时候，就会比太阳晚一些沉没，如果你想看到它，就在日落后半小时至一小时内在西天中找寻，你会在薄霭中看到它明亮的身影。而如果水星在相反的太阳西边 C 点附近，那么你想看到它就要等到日出之前了。在此时，在东天的晨曦中，水星会闪耀着属于它自己的独特的光芒。

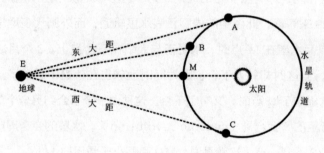

图 30 水星的距角

望远镜下的水星

　　春天的傍晚和秋天的黎明是用望远镜观测水星最适宜的时刻（图31）。当水星处在太阳东面时，在下午用望远镜就可以看到它了。不过由于此刻太阳的光线过于强烈，很容易干扰我们的观测结果。所以想要较为清楚地观测到水星，只能等下午晚些时候空气稳定之后。因为当日落之后，水星所在的大气不断增厚，它又变得难以看清了。也正是出于这些原因，对于水星的观测始终不尽如人意，也就使得人们关于水星表面的描述不尽相同。

　　在很漫长的一个历史阶段里，人们都认为水星的自转周期并不能确定。1889年，斯基亚帕瑞利（Schiaparelli）通过对意大利北部天空中水星的细致观测，认为水星之于太阳就像月球与地球的关系一样，始终是以同一面对着太阳。无独有偶，罗尼尔（Lowell）在亚利桑那（Arizona）的弗拉格斯塔夫亚天文台（Flagstaff Observatory）也得到了相同的观测结论。不过这一理论在1965年被当时最先进的多普勒雷达推翻了。现代天文学理论认为水星在公转两周的同时自转三周。

　　由于水星相对于太阳的位置是经常变化的，因此它也有着圆缺的位相变化，这又与月球之于地球不谋而合。我们很容易观察到水星被太阳照射的一面，但是它背对着太阳的黑暗面却难以被观察到。当太阳在地球与水星之间（也就是水星上合时），明半球被我们尽收眼底，此时的我们眼中，这颗行星就是一个满月般的圆盘。当它经过东大距向下合移动的时候，明半球的部分越来越少，而暗半球却慢慢增多。不过随着位置的移动，它与地球的距离越来越近，使得我们能更加清晰地观测到它明亮的部分。到了下合的时候，对着我们的就只有一个黑暗的阴影了，这时这个如同新月的暗半球是无法被观测的。经过了下合期的黑暗之后，通过西大距的水星重新返回上合的位置，又变成了一轮"满月"。

图 31　信使号水星探测器拍摄的水星

由于人们没有观测到水星上大气对日光的折射效果，使得人们一直误以为水星上是没有大气的。不过，经过研究人员不懈的努力发现，水星上的大气层虽然稀薄到几乎不存在，不过确实是有的，这些大气是由太阳风带来的原子构成。在太阳的炙烤下，水星温度高得不可思议，使得原子们争先恐后地逃离到太空中。因此，不同于地球和金星上稳定的大气，水星上的大气更换和补充都十分频繁。

水星凌日

假设内行星在与地球相同的平面绕着太阳旋转的话，那么只要在下合的时候我们就会看见它从太阳表面经过，不过事实上并不是这样的，因此我们可以断定，这两颗行星并不在同一个平面旋转。在全部的大行星中，因为水星的轨道与地球轨道的夹角最大，所以我们偶尔可以看到它在南边或北边与太阳擦肩而过。当它在下合时恰好靠近地球与水星的轨道的一交点，通过望远镜我们就能看到太阳表面出现一粒黑点，这就是"水星凌日（Transit of Mercury）"。它出现的时间从 3 年到 13 年不等。水星凌日的开始和结束时间是可以准确测定的，而且掌握了这个时间之后，就能知道这行星的运动规律，所以天文学家们都对研究这种现象抱着极大的热情。1631 年 11 月 7 日，加桑迪（Gassendi）首次观测到了水星凌日。不过由于他的工具异常简陋，观测到的结果并不能作为科学研究的依据。1677 年，哈雷（Halley）在圣海伦岛（St.Helena）上对水星凌日做出了较有科研价值的观测记录，自那时起，水星凌日的观察结果就变得有规律性和持续性了。

1937 年 5 月 11 日，在欧洲南部可以看到水星擦过太阳南部边缘。而在美洲出现这一现象的时候是在日出之前。1940 年 11 月 10 日，美洲西部可见水星凌日。

1953 年 11 月 14 日，美国全境都能看见这一现象。

1677 年以来，在观测水星凌日的时候，人们发现了一个有趣的现象，这一现象现在被称为水星轨道进动。的确如你所想的一样，水星的轨道竟然是缓慢改变的！一度有人认为这一现象是受到其他已知行星的影响，不过经过精密的理论计算之后发现，这样的认定是不对的。1845 年，因通过数学的方法计算出了海王星位置而闻名的勒威耶（Leverrier）发现水星近日点的变动比理论计算值更前进了多达 43 角秒。勒威耶企望继续用数学的方式确定一颗未知行星的位置，他把这颗被他预言，是处于太阳和水星之间的行星命名为火神星。他通过计算得知 1877 年这颗火神星会罕见地越过太阳盘面，在那时，人们可以通过它投在日面上的阴影发现它的存在，然而，他没有等到他预言的火星越过日面的那一刻就去世了。不知道如果勒威耶还活着，当发现他预测的那一天火神星并没有出现在等待已久的所有望远镜中的时候会作何感想。

事实上，早在大约 1860 年，法国的一位乡间医生勒斯加波（Lescarbault）在通过一架小望远镜观测太阳表面的时候，就宣称观测到了火神星从太阳盘面上经过。不过在同一天里，另一位更有经验的天文学家只是在太阳上发现了一颗平常的黑子。很有可能就是这颗黑子桃代李僵地欺骗了这位医生天文学家。后来的天文学家常常在不同的时间以及地点观测太阳并为其拍照，不过却从未发现类似的存在。不过人们还是会猜测，在这一区域有一些过于渺小，光亮完全被天光遮去的小行星在运行着，因此逃出了我们的观测。如果真的有这样的小行星，我们唯一能观察到它们的机会就是在日全食的时候，在那时，天上完全没有其他的光亮，应该可以看到隐藏着的小行星。为了找到它们的存在，一些观测者在日全食的时候动用了极为强大的摄影仪。在1901年日全食的时候，这一切猜测终于有了定论。人们在那次日全食的时候在太阳附近拍摄到包括我们已知的8等星在内的约50颗星。也就是说，在水星轨道圈内并没有比8等星更亮的行星了。而如果没有几十万颗这样的小行星的话，是不能使得水星偏离轨道的。矛盾的是，几十万颗小行星一定不会如此暗淡，甚至不被发现。因此我们可以排除水星近日点移动是因为内行星影响的猜测了。而且对于内行星来说，如果真的有这颗行星存在的话，它一定会对水星或金星（或两者兼有）的交点产生影响。

在1916年爱因斯坦提出他的广义相对论之前，20世纪初的天文学家一直被水星轨道进动的问题困扰着。人们通过牛顿的经典力学理论懂得了，两个具有质量的物体之间会产生相互吸引的作用，这就是引力。不过爱因斯坦用他强大的天赋和直觉意识到，引力可能对我们的世界产生更不为人知的作用。为了让读者更好地理解水星轨道进动，我们先做一个关于爱因斯坦的"等价性原理"的思想实验。

假设我们把一个痴迷物理的实验助手关到一个完全封闭的小屋子中，为了消除寂寞，他开始研究屋子里的小球。他发现如果松开手，让小球做自由落体的话，小球相对地面运动的加速度是9.8米/秒^2。此时，因为这个加速度是地球的引力所引起的正常加速度，他认为自己是在地球上。

而此时我们把他连同这个密封的小屋子一起送到了一架飞起来没有任何震动的飞船上，将飞船发射后以9.8米/秒^{2}的加速度往外太空飞去。此时我们再将视线移到实验助手的身上，这个一无所知的人还在摆弄着他唯一的消遣——那颗小球。此时他松开手，他发现小球还是相对地板以9.8米/秒^{2}的加速度下落，于是他错误地认为自己还是待在地球上。通过这个假设的实验可以发现，从某个角度来说，引力和加速度并不是毫无关系的，而是可以互相替代的。如果参照系合理的话，那么引力就可能转为局部的加速度。这一点与空间本身有关，而与吸引的物质是什么没有关系。在一个大质量的物体面前，空间的不同部分可能拥有不同的等效加速度。在此时，牛顿经典体系中平坦的空间就被颠覆了。

越是在太阳附近，空间就越是弯曲。所以在被太阳巨大引力扭曲的空间中运行的水星的轨道就不再是严格的椭圆形，这就是水星轨道近日点的进动的原因。如果我们按照广义相对论提出的公式对此进行精确计算的话，就会发现其结果正是比按牛顿经典力学计算的结果多了 43 秒，符合实际观测到的情形。这也说明了广义相对论的正确性。

第三节　金星

除了月球和太阳之外，金星是天空中最亮的物体。如果在一个晴朗无月的晚上，我们甚至可以看到由金星照出的影子来。事实上，如果没有太阳光在它附近的话，我们在白昼用肉眼就可以看见金星在接近子午圈的位置上，当然，你必须有着不错的视力，已经事先知道它的位置。当太阳在它西面时，我们就可以在西天看见它，日落之前它是比较暗淡的，但是随着日光的减弱，它的光芒会逐渐增强。太阳在它东面的时候，太阳还没有升起，我们就可以在东天看见它的身影。由于它出现在这两种情形之中，所以又被命名为昏星和晨星。据说古人并不知道这是金星的两种形态，因而分别为它命名为长庚（Hes penls）和启明（Phos phorus）。

和月球一样，金星的圆缺位相变化非常明显，就是用低倍率的望远镜也可以观测到这点。伽利略第一次用望远镜观测金星就发现了这个特点，这让他更加坚定地信仰哥白尼（Copernicus）的日心系统。当时的风俗是，天文学家把发现发表成谜语，他的谜语是这样的："爱的母亲正与辛西娅（Cynthia）争赛面相呢。"

金星的会合运动与水星非常类似，因此我们就不在这里重复叙述了。这颗行星在会合轨道中各部分所现的视在大小可以表示为图32。它在上合到下合的过程中，尽管圆盘逐渐增大，但是我们并不能看见它的全部，而它被照亮的表面正在逐步减小，又由半月形减小到新月形，直到下合期与新月一般。因为全黑暗面都对着我们，所以我们并不能观测到下合期的金星。在处于下合与大距的正中时金星最亮。在此时，如果太阳在金星的西面，金星就会比太阳晚沉没两个小时；如果太阳在金星的东面，金星就会比太阳早上升两个小时。

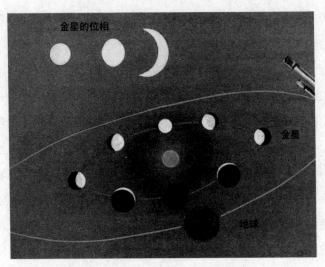

图 32　金星在轨道中各点的位相

难寻的自转痕迹

自伽利略以来，不管是天文学家还是普通人都被金星自转的问题所困扰。为了得到这个问题的确切答案，人们颇费了一些周折。这实在是因为金星的光辉过于强烈，使得在使用望远镜观察的时候被强光干扰，不能清晰地看到它表面的痕迹。在望远镜下，我们看到的这颗行星仅仅是略有差异的一团亮光，就像是一个稍显暗淡的光亮金属球一样。尽管艰难，但是在观测者们的不懈努力之下，还是从这些明暗的斑点中得到了一些线索。1667 年，卡西尼（Cassini）经过观测和分析这些斑点，认定金星在不到 24 小时内绕轴自转一周。18 世纪中期，意大利人布朗基尼（Blanchini）在他的一篇议论文中说到金星自转一周的周期是 24 日。而斯克亚巴列里在 1890 年得到的结论与前人更为不同，他认定金星绕轴自转周期与绕日公转周期相等。也就是说，就像月球只以一面对着地球一样，金星面对太阳的也只是一面。他经过每天几个小时持续不断的观察，发现金星南半球上有一些微小的点一直没有移动，这一发现就证明金星一日左右自转一周的说法是不正确的。罗尼尔通过在亚利桑那天文台的观测和研究之后，也认同了他的说法。

这些观测者经过仔细和耐心的观测之后还会得到如此不同的结论，证明金星的这些特征实在是难以分辨。直到人们发明了能力更加强大的望远镜，这一罗生门才被解开：与地球比起来，金星的自转要慢得多，一个金星日金星年还要稍长一些，相当于243个地球日。地球的扁率是由于地球高速自转形成的，而金星两极并不存在那样的扁率，由此也可以证明金星的自转比地球慢得多。金星还有一个有趣的特点，那就是相对地球来说，金星是逆时针旋转的，也就是说从金星的北极来看，它自转的方向为顺时针！而因为金星的自转周期与它的轨道周期同步，所以当它离地球最近的时候，朝向地球的那一面总是固定的。

金星的大气

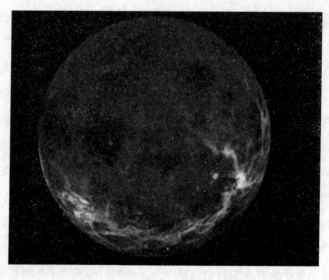

图33　金星

对于现在的人来说，金星上的大气比地球更加浓厚已经不是什么新闻（图33）。不过对于前人来说，这还是一个需要观测和验证的课题。在金星的一半多一些的部位经过太阳面的时候，它的外边缘如预期的一样开始明亮起来。意外就在这时产生了，原本正常的折光应该从弧的中心点开始，但是金星的折光却始于靠近弧一头的某一点上。对于这个奇特的现象，普林斯顿（Princeton）的罗素（Russell）的解释是金星的大气中蒸汽成分太多，我们只能看见飘在火星大气中的被照亮的云或者蒸汽，而不是通过直接的折光看到的太阳光。所以前人通过小望远镜看到的假定斑点实际上只是永远处于变化状态的暂时的斑点而已。至于为什么那些敏锐的观测者也会被幻象欺骗呢？我们可以这样理解：对于有些观测者认为的，在金星下合时我们可以看到金星如同新月初现时的月球一样的全貌——"新月在旧月的怀中"。月球之所以出现这样的现象，是因为我们看见了黑暗半球反射的地球光，但是金星上并没有类似地球或者其他的可以充分反射光的东西。有人认为这是因为金星上覆盖着一层磷光。不过这种猜测并不确切，理智告诉我们，这种现象最大的可能还是归因于视觉的幻象。因为这种现象常常出现在白昼，而那时的天空明亮到磷火之类的微光是不能被看见的。而且不管这种光的来源是什么，总之，在黄昏以后会比白昼更容易被看到，而在黄昏看不见的话，就说明它并不是真实存在的。

这个现象与一条有名的心理学规律不谋而合——当我们经常能看见一个类似的东西的时候，就很容易在想象中制造出实际上并不存在的类似事物。因为我们对于月球上的情形耳熟能详，所以在看到金星的时候，不自觉地就会把类似的情形加到了金星身上。

大约在 1927 年金星位于较为易于观察的大距位置时，罗斯在威尔逊山天文台用大望远镜在红光及红外光下拍摄到金星照片。尽管照片中金星的盘面呈一片白色，不过通过紫外光拍摄的照片中，这颗行星第一次在人前显露出它神秘的面貌——它的斑纹清晰可见。这些就是大气中的云纹，在日光没有透射到金星表面以前反射了大部分的紫外光。

从拍摄到的金星圆盘上看，虽然两极的明亮斑点较为短暂，不过与火星的极冠（polarcaps）比较类似。而经过圆面的黑带也会很快地改变形状，这又与木星上的云带比较相似。

金星凌日

由于金星凌日发生的周期比较长，平均要 60 年一次，因此在天文学中这是一个比较罕见的现象（图 34）。在过去以及未来的数百年中大概有一个循环周期，在这期间，大约 243 年间会有 4 次金星凌日的现象产生。在一个循环周期中，两次凌日的时间间隔是这样分布的：105.5 年一次，又 8 年一次，又121.5 年一次，又 8 年一次，以后又 105.5 年一次再循环下去。天文学史上有记载的金星凌日发生的日期如下：

1631 年 12 月 7 日　1639 年 12 月 4 日

1761 年 6 月 5 日　1769 年 6 月 3 日

1874 年 12 月 9 日　1882 年 12 月 6 日

以前的天文学家之所以对凌日感兴趣，是因为他们认定借此现象可以确定地球与太阳之间的距离。因为这种现象比较稀有，所以每次的凌日都会引起天文学的爱好者和研究者们大规模地观测。在 1761 年及 1769 年，各沿海国家的观测者们深入世界各地去记录金星进入太阳圆面以及离开的准确时刻。在1874 年及 1882 年，美、英、德、法出现大规模的远征队观测团。美国人为了观测到这一现象，往北深入中国、日本、东西伯利亚，在南方也进入了澳大利亚、新西兰岛等地。不过在 1882 年却没有派出远征观测团，因为在美国本土就能看见凌日现象了，而在南半球，好望角等处都是适宜的观测地点。对于金星未来运动来说，这些观测价值是很大的，不过可惜的是，后来人们发现了更为准确的方法，所以在这一方面的努力又显得价值没有那么大了。

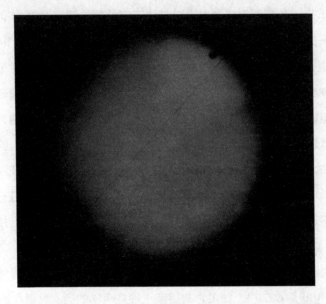

图 34　金星凌日

第四节　火星

近些年来，各个国家越发对火星产生了空前的热情。2004 年，美国创造了人类航天史的一个新的历程：第一次两架火星车"勇气"号和"机遇"号同时登陆火星，同时在火星表面行驶。2012 年 8 月 6 日，美国火星车再次登上火星，承载着研究火星上是否适宜生命生存使命的"好奇"号火星车彰显出人类对于火星探测方面多项技术的进步。人类之所以热衷于研究火星，是因为它的大气、气候等特点与地球非常相似，这让人们不由得怀疑在它上面是否有原始生命存在。不过就人类目前的探测能力和程度来讲，火星表面并没有生命存在。关于其地表和极冠中是否有原始的细菌存在，还需要对火星进一步地深入考察——不过可以确定的是，人类之前的猜测是不正确的，火星上并没有智慧生物存在。

关于这颗行星，我们可以从最表面的特点来认识它。它的公转周期为两年差 43 日，也就是 687 日。如果它的周期正好是两年的话，火星在地球公转两次的时间里就会完成一次公转，这样我们就会每隔两年见到一个火星的冲了。不过遗憾的是，它走得比人们理想的状态要快一些，地球就要用一到两个月来追赶它，因此，每隔两年零一两个月才会见到一次冲。在 8 次冲之后，这多出来的一两个月会合成一年，也就是说，地球公转 15 次或 17 次，也就是在 15 年或者 17 年以后，火星的冲会出现在同一天，并且回到轨道中差不多的位置，同一个时间段内，火星公转次数为八九次。

每两次冲的时间间隔为一个月左右，因为它的轨道具有极大的偏心率，这个数值达到 0.093 之多，也就是说接近 1/10。在这一方面，大行星中只有水星能够和它有一比之力。也就是说，它的近日点要比离太阳的平均距离近 1/10，相应的，远日点也要远上 1/10。在冲位的火星对地球的距离不尽相同，近日点和远日点的冲差距就更为巨大了。火星近日点附近冲时，火星与地球间的距离只有 5600 万千米；而在远日点却要大于 9600 万千米。这使得八九月中最有利观测冲位时的亮度比这二三月中不利的冲位大 3 倍以上。

火星与大多数亮星不同的地方在于，接近冲位的时候，因为光特别强而且显红色，所以很容易被认出来。不过奇怪的是，相对于肉眼中的火星红光闪烁，在望远镜中的它不是那样。

火星表面及其自转

约在 1659 年，第一个从望远镜中发现火星表面变化特性的惠更斯（Huygens）为它画了一幅画（图 35）。这幅画中，火星的特点到今天还被人们所承认和认识。如果仔细观测，人们就会发现，这颗行星绕轴自转一周的时间实际上比地球的一天略长一些，也就是 24 小时 37 分。

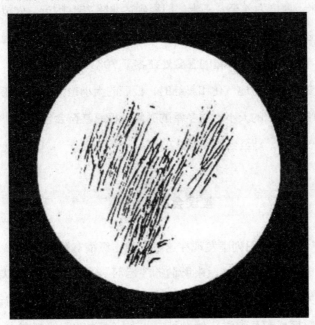

图 35　惠更斯笔下的火星

除了地球之外，人们对火星自转周期的掌握要精确于其他的行星。在人类关于它的记载中，火星在 300 多年的时间里一直保持着这一周期自转，也没有迹象表明这一时间将来会有明显变动。由于火星的一天比地球的一日只是多出了 37 分钟，因此在连续的时间段里的同一小时之内，火星都是以几乎相同的部位对着地球。不过毕竟还是差了 37 分钟，所以每次见到它的夜里，它都会悄然地落后一些，直到经过 40 天后，我们在地球上已经看过了它的每一面。

用一幅图就可以清楚地表明火星表面已知的明暗区域以及平常总能看见的包着它两极的白冠。在一极偏向地球也就是太阳的时候，白冠就会逐渐减小，在远离太阳的时候又变得加大。虽然加大的情形地面上并不能看见，不过我们却可以发现它又一次出现的时候已经比之前大了。火星北极冠直径 1000 千米至 2000 千米，厚度为 4 至 6 千米，已经到达北纬 75° 附近。火星探测器发回的图像资料显示：大气中的二氧化碳凝结出了火星上的季节性极冠，而水则冷凝成了长年存在的极冠。火星的温度处在零下 70℃到零下 139℃，当二氧化碳因为温度的变化而不断地气化和凝结时，极冠的大小也就不断地变化。火星季节的变化影响了极冠的大小，在冬季的时候，极冠甚至会包围整个极区，而夏季就会消融一部分，乃至全部消融。

被误会的"运河"

1877 年，斯克亚巴列里发现在这颗行星上纵横交错地分布着一些比一般表面暗一些的条纹，这就是后来所谓的"运河"（图 36）。在人类翻译史上，这可能是因为翻译失误而引起的最大误会了。斯克亚巴列里当时认为火星表面的这些黑暗区域都是海洋，他设想这些连接海洋的路线都有水，所以把这些条纹叫作 canale，在意大利文中，它的意思是"水道"。不过在英文中的 canale，却包含着"运河"的意思。别小看这个小小的词义改变，就因为这一改变，让所有使用英语的人误以为火星上存在着和人类相似可以挖掘运河的高级智慧生物。

天文学权威之间对于这些水道也有着不同的意见。造成这种情况的关键因素是在地球上看这些条纹的时候并不是十分清晰。事实上，火星各处的条纹是如此微弱而不清晰，每一块之间的亮度差异非常难以分辨，所以很难为它们画出一个轮廓图像。而经过重重困难分辨出来的这些条纹，在不同的大气条件以及亮度不同的光线下，竟然又发生了形貌的改变，使得呈现出来的画面不一而足。关于这些运河的图谱，罗尼尔天文台（Lowell Observatory）的观测者绘制出了一张如同被细黑线包裹住火星大部分表面的网。而斯克亚巴列里的图不仅没有罗尼尔天文台画得那样清楚，而且要少很多，看起来有点像暗弱的宽阔地带。和它的名字相称的特点是，这些图中水道相交的地方都存在着圆点，就好像真的是一个圆形的湖泊似的。

火星上有着一个近似圆形的大而黑的斑点，斑点的周围呈白色，所有的观测者都承认这个斑点的存在，并且将之命名为"太阳湖（solis lacus）"。观测者们还在这湖里区分出了一些条纹或水道，不过对于这些水道的数目或者周围的情形，大家的观点又变得不太相同了。火星上还有一个著名的三角形黑斑"大席尔蒂斯（Syrtis major）"，它是由物理学家惠更斯第一个画出来的。

现在的天文学界对于火星上存在"运河"的说法已经完全认同，因为它们已经被许多天文学家观测到，并且成功地拍摄下了它的影像。与之前观测者看到的运河相比，它们变得更加宽阔了，而且形状也更为粗犷了一些。人们认为运河的成因是受到自然的侵蚀，而非如地球上的运河一样，是人工开凿的。有证据表明，火星表面是存在过水的，很可能也有大湖和海洋，甚至在火星的历史上还有洪水的存在。虽然这些东西存在的年代非常之久远，而且存在的时间非常短暂，不过毫无疑问，它们是曾经存在过的。

图 36　火星上的"运河"

　　除了地球以外，所有行星中火星的表面是最为适宜用望远镜观测的。望远镜中的火星表面相貌多变，富有趣味。它的背景呈红色，如同荒芜的原野，在这背景上点缀着一些大块的蓝绿色的"海"，尽管这些海和月球上的海一样，并不存在水，不过它的海的名字却一直由发现之初延续到了现在。而海是一些较狭窄的暗纹，它们的名字是"运河"，它的名字也是随着海一起延续下来的。

火星的气候

　　与早期火星极冠区主要被冰雪覆盖的观测结论不同的是，现在的观测认为火星的大气主要是由二氧化碳（95.3%）加上氮气（2.7%）、氩气（1.6%）和微量的氧气（0.15%）及水汽（0.03%）组成的，而且它们比地球上的大气稀薄得多。经过极为仔细的观测，我们会发现，火星大气中的云并不会经常遮蔽火星上面的景物。雪的成因是大气中的水汽凝结，因而火星极区中下大雪的可能性不大，就算是火星极区中下的雪化掉的很少，积雪也不过几厘米厚。

　　火星表面的平均大气压强比地球上的 1% 还小，仅为大约 700 帕斯卡。不过火星上的大气压强并不是一成不变的，它与高度成反比。在高度最低的盆地深处，大气压强可高达 900 帕斯卡，而在海拔最高的奥林匹斯山的顶端，大气压强只有 100 帕斯卡。不过就算火星的平均大气压强并不是很高，却也能支持飓风和大风暴在整个火星表面肆虐十天之久。火星的大气层可以制造的温室效应是有限的，只能让火星表面温度提高 5℃。火星的表面温度比已知的金星和地球要低得多（图 37）。

　　1976 年，徘徊在火星附近的"海盗"号探测器发现覆盖在火星两极的主要物质并不是积雪，而是干冰，也就是说，火星表面存在水的猜想是不正确的（现在的科学家认为，干冰层的下面可能有冰水层）。火星上是存在四季的，火星的一个半球春季慢慢过去之后，白色的极冠逐渐减缩，这个半球看起来黑色就更加明显，绿色更多了。夏季悄然经过之后，极冠几乎完全化去，这些黑色就衰落成为褐色。那么这种四季的变迁是怎么形成的呢？在最早的时候，人们认为是植物造成火星四季景观的变换，春季时植物开始生发，而到了秋季又枯萎死去。不过这种说法已经被证明是错误的。火星上这些貌似季节变迁的现象并不是因为植物，那么这究竟是什么原因导致的呢？

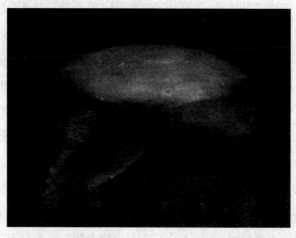

图 37　火星北极地区

科学家们又开始转而研究火星表面的土壤。他们猜测火星表层的土壤可能是由类似长石的红色矿物质构成的，或者根本就是一种地球上不存在的矿质。还有人认为，火星表面的土壤的主要由一种低价类似塑料的碳氧化合物构成。也有人认为火星的表层土壤是由绿高岭石构成，比如美国普林斯顿大学的地质学家迪特·哈格雷夫斯。千百万年前，火星上还有山的存在，那时火星上的火成岩与山相互作用，形成了一层绿高岭石外壳。由于受到穿过二氧化碳大气层的陨石落在火星表面时产生的大量的热量的影响，火星表面上的一些区域里的绿高岭石转变为红色的磁性矿物；接着落下的陨石击碎了这些红色的磁性矿物，使之变成了随风飞散的红色尘土，并散落在整个火星表面，这就使得火星表面的外观呈红色。

火星的卫星

1877 年，霍尔（Hall）在海军天文台发现了火星的两颗卫星。这两颗卫星是如此渺小，让人们根本就没有想到它们存在的可能性，所以并没有人动用大望远镜来寻觅它们。不过一旦有人注意到它们了，它们就很难再保持隐形的状态了。火星在轨道中的位置以及相对地球的方位决定了观测它们的难易程度。当火星接近冲位的时候，依照不同的情形，甚至有三四个月或者长达六个月的时间可以观测到它们。在近日点附近的冲时，直径不到 30 厘米的望远镜也能看见它们。观测者的技术和从视线中消去星光的能力决定了我们能看出这两颗卫星在观测者眼里到底可以小到怎样的程度。一般来说，如果想看到它，必需品望远镜的直径一般是 30 厘米至 45 厘米。火星的光辉是造成它们难以被观察到的元凶，如果没有这光辉的话，用更小的望远镜也能看到它们的存在。也是因为这种光辉的缘故，尽管内层的卫星更为明亮，但是较为容易被看见的反而是外面的一颗。内层的那颗卫星被霍尔命名为"火卫一（Phobos）"（图38），外层的为"火卫二（Deimos）"，他们是古神话中战神（Mars）的侍从。火卫一距离火星表面只有 6000 千米，它与火星之间的距离是太阳系中所有的卫星与其主星的距离中最短的，它绕行星旋转一周的时间仅仅是 7 小时 39 分，甚至不足火星绕轴自转一次的时间的 1/3。所以在火星上看这颗最近的"月球"西升东落。

火卫二的公转时间是 30 小时 18 分。如此迅速运动，使得它在一起一落之间差不多要经过两天的时间。

火卫一离火星表面只有 6000 千米，如果在火星上也有天文学家的话，火卫一一定是他们最为看重的研究对象。

图 38　火卫一

如果太阳系中不包括那些极为暗弱的小行星，火卫一和火卫二可能是我们能看见的最小的东西了。根据光度推测，火卫一的直径只有 16 千米，而火卫二的直径是 8 千米。按照大小比例，我们对它进行比拟，它们的大小可能就是在纽约眺望波士顿空中悬的一颗苹果。

这两颗卫星的发现使得天文学家根据它们推测出火星的准确质量只有地球质量的 1/9。在后面提及行星质量的那一章，我们会介绍到这个质量是怎么算出来的。

第五节　小行星群

在行星的距离都被准确地测定之后，太阳系里火星和木星轨道间的一个巨大的空隙引起了天文学家的注意。直到波德发表了他的定律，人们开始重视起这个问题。这个空隙到底只是空隙，还是这之间有着我们未曾注意到的渺小行星呢？

这个问题被在西西里（Sicily）的巴勒莫（Palermo）的意大利天文学家皮亚齐（Piazzi）解决了。皮亚齐热衷于观测天空，他根据他的望远镜里能确定的恒星制作出了一个恒星位置表。1801 年 1 月 1 日，这个新世纪伊始，他发现了一颗从来没有被人注意过的星星。后来证明这是人们一直在寻觅的行星，人们将它命名为谷神星（Ceres）。

这颗行星的发现虽然偶然，不过更让人惊异的是，它是如此的渺小，经过研究之后，又发现它的离心率是如此的大。令人惊异的事情接踵而至，这颗新发现的行星还没来得及在人们面前完成一次公转，不来梅（Bremen）的医生奥尔伯（Olbers）在闲暇时竟然在同一天区发现了另外一颗行星。他发现，有两颗小行星存在于大行星的空隙中，随即做出了一个大胆的猜测：这些很可能是一个行星的碎片，如果真的是这样的话，还会在此区域发现更多的小行星。在接下来的观测中，他的猜测得到了证实，在 3 年的时间里，人们又发现了两颗小行星，也就是说，这样的小行星一共有 4 颗。

4 颗小行星的记录在 40 年后被改写了，那是在 1845 年，德国观测者亨克（Hencke）先是发现了第 5 颗，然后是第 6 颗，接下来的一年里不断地发现新的，到目前被发现的小行星已经超过两万颗了。

发现小行星

在 1890 年之前，发现这些天体的都是少数的观测者，他们在黄道附近的小块天区守株待兔，如同有耐心的猎手一样去寻觅那些小星。这些观测者十分清楚地记下黄道附近天区的部分星图，然后频繁地观测和记载，只要有闯入者出现，那就一定是一颗小行星，放入他们的新行星图册里就可以了。

约在 1890 年，摄影术被应用在寻找这些东西上，使得找到它们变得更为容易和有效起来。天文学家把开好定时装置的望远镜对准天空，经过半个小时左右的曝光时间为星空摄影。在拍摄到的影片中，恒星表现为小圆点，而行星因为在运动，所以展示出来的就是一条短线。天文学家再也不用一直盯着天空搜索了，只要查看照片就行了，而照片中长了尾巴的，一定就是一颗行星。用这种方法，海德堡（Heidelberg）的沃尔夫（Max Wolf）发现了 500 多颗小行星。

随着科学仪器越来越强大，新近发现的暗弱小行星也越来越多，而且小行星的数目与暗弱程度呈正比。据估测，在我们望远镜所能触及的范围中大约有一万颗小行星，而这些小行星中就算是最大的，在平常使用的望远镜中看它也只能看出一个类似星星的小点。就人类目前的科技而言，根本无法看清它的圆面。最大的谷神星直径只有 770 千米，直径超过 160 千米的大约有 12 颗。最小的星只能根据它的光度大概地推算出它的直径为 32 千米到 48 千米。

小行星的运动

一部分小行星的轨道的偏心率惊人的大。比如说希达尔戈星（Hidalgo）的轨道偏心率是 0.65，这就是说，在近日点时它离太阳比平均距离要近 2/3，而在远日点的时候也要远上 2/3。它距离太阳最远的时候竟然和土星离太阳的距离差不多了。

有的小行星有着巨大的倾斜，甚至超过了 20°，而希达尔戈星竟然达到了 43°。

现在，人们已经不再相信它们是一些在炸裂中粉碎的行星残片了。因为这些轨道所涉及的边界过宽，使得人们无法相信它们在最初是一体的。按照现代哲学理论来讲，我们现在看到的就是这些东西最原始的样子。在星云假说的理论中，所有行星的物质从前都是环绕太阳运行的云状物质的环。那些成为一颗星的都是因为环中物质慢慢集中到了环上最密的一点，可能形成这些小行星的环不够集中，反而形成了现在看到的这些碎片。

在钱伯林（Chamberlin）和莫尔顿（Moulton）的星子假说（planetesimal hypothesis）理论中，一些稀少的小于大行星的星碰撞之后形成了这些小行星。而有些没有得到近圆倾斜轨道的就不断地进行了多次的碰撞，直到成功。

还有一种"半成品说"。在这个理论中，小行星的形成要追溯到约 46 亿年前。在太阳系形成的早期，一团星云凝聚成天体的过程中除了形成大行星的那一部分之外，还有一部分分布在火星和木星的轨道之间，就是现在我们所看到的小行星带。

网状的小行星轨道

在这些小行星的轨道特点中，我们可以窥见一点它们由来的线索。前文曾经说到过，尽管太阳并没有处在圆心的位置上，但是这并不妨碍行星轨道都是近似圆形的。如果我们能站在无穷高的地方俯视太阳系，再用精确的线表示出小行星的轨道圆圈，就会发现，这些圆圈像网一样，相互交叉，在一定的区域内形成一个较宽的环，而环外边的直径几乎比内边直径增加一倍。

假设能把这些圆圈固定住并且拿起来的话，我们以太阳为中心把它们安放好，那些直径比较大的轨道差不多是小的 2 倍，所以如图 39 所示，这些圆圈占据的空间就已经很大了。在图 39 中，我们可以看到一个奇怪的现象，它们并不是平均分布在所占据的空间中的，而是泾渭分明地分成几群。图 40 是用更完

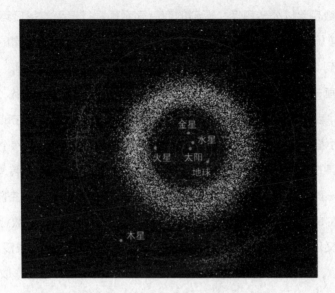

图 39　主小行星带（白色部分）

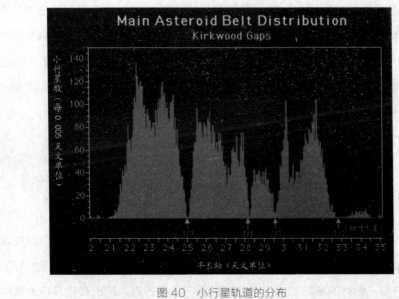

图 40　小行星轨道的分布

全的新方法表示的，它说明，每一行星都在一定的日期内围绕太阳公转一次，它离太阳愈远，这周期便愈长。因为轨道的全圆周是 129.6 万秒（360°），所以用这一数目除以公转周期，得到的商就表示那颗行星平均每日运行多少角度。这角度就叫作该行星的"平均运动（mean motion）"。小行星的平均运动为 300 秒到 1200 秒，度数愈大，公转周期愈短，行星离太阳愈近。

我们画一条标注着从 300 秒到 1200 秒度数的水平线，每两格之间的间隔为 100 秒。我们把平均运动在 300 秒到 1200 秒的小行星都按照它的平均速度画在这些小格中。只要略微看一眼这幅图片，我们就会发现有五六个群落。分布在最外层的是离木星比较近，平均运动在 400 秒到 460 秒，公转周期需要 8 年之久的一群小行星。接下来我们会看到一道宽空隙，越过这片空隙有 10 颗行星出现在 540 秒与 580 秒之间。在这之后，越靠近木星，行星数愈加增多，不过我们又注意到，在 700 秒、750 秒、900 秒旁却只有很少或没有星星出现。请注意，此时规律出现了：这些空隙的地方行星运动与木星形成了简单的关系。一颗平均运动为 900 秒的行星绕太阳一周的时间是木星的 1/3，600 秒的是 1/2，750 秒的是 2/5。

根据天体力学定律，如果一颗行星与其他行星有上述简单关系的话，在互相作用下会逐渐产生大的轨道变化。所以，第一个指出这些空隙的柯克伍德（Kirkwood）就假定这是因为空隙中原有的行星不能永久保持其轨道。不过，让人不解的是在通约数为木星 2/3 或相等的地方不仅没有空隙，反而出现了成群的行星，有人认为出现这样的情况是因为通约数为 1/4、2/7、1/3、2/5、3/7、1/2 的地方与小行星的径向分布概率的零点相一致。

爱 神 星

这些小行星中有一颗需要我们特别注意它的存在。在 1898 年以前被发现的足足数百颗小行星都运行在火星、木星轨道之间。不过在那一年夏天出现了其他的情况。柏林的威特（Witt）发现一颗行星在近日点的时候已经距地球轨道 2200 万千米以内了，也就是说，它进入了火星轨道内部。他将这颗偏心率很大的行星命名为"爱神星（Eros）"（图 41），这颗行星在远日点的时候会出现在火星轨道外很远的地方。更有趣的是，这些行星的轨道竟然像锁链的两个相接的环一样与火星轨道套在了一起。

图 41　爱神星

这颗轨道倾斜严重的行星，经常还会跑出黄道带范围。在 1900 年接近地球的时候，它竟然是在北方，北纬中部都不能看见它在地平线落下的情景，甚至经过子午圈时它正处在天顶以北。显然我们不能早早地发现它和它如此特别的运动轨迹也有关系。1900—1901 年，我们趁着它接近地球的机会，对这颗爱神星进行了仔细的考察，发现它的光度每小时都是变化的，而这种变光周期是 5 小时 15 分。关于为何它会产生这样的变光有着一些猜测。有人认为它实际上是两颗互相绕转的星，还有人认为这颗星可能存在着光明区和黑暗区，当对着我们的半球明暗区域发生变化的时候就会产生变光。小行星探测器 NEAR 在 2000 年的时候接近了爱神星。谜底终于揭开了：爱神星竟然是一个 40 千

米 ×14 千米 ×14 千米的表面起伏不平的柱体。

除了爱神星之外的小行星也有变光存在，有人怀疑那是因为绕轴自转产生的，不过这些都没有定论。

从人类的角度看，爱神星也是非常值得关注的，因为在一段时间里它距离地球非常近，使得人们可以准确地测量出这个数值，如果用它作参照来测定太阳的距离和全太阳系的大小的话也会变得更加准确。不过美中不足的是，它最接近地球的时间间隔非常长。

在 1900 年，爱神星离地球只有约 4800 万千米。虽然爱神星在 1931 年 1 月 30 日距离地球只有约 2600 万千米，是所有行星中最接近地球的，不过其实它能更接近一些，与地球距离达到 320 万千米。

近地小行星

在已经发现的众多小行星中，与地球轨道可能相会的近地小行星大概有 1400 颗，这些轨道有可能与地球轨道交叉的小天体对地球有着极大的威胁，它们中直径约 1 千米的小行星有 500 多颗，只要其中的一颗与地球发生碰撞，后果都不堪设想。

小行星真的有可能撞击到地球吗？事实上，每几千万年就有一次撞击会使人类灭绝，每十几万年就会有一次撞击危及全球 1/4 人口生命，每 100 年就会产生一次大爆炸。比如发生在 1908 年的通古斯大爆炸，爆炸当量相当于 500 ～ 1000 颗广岛原子弹。幸运的是我们地球还有月球和木星这样的天然保护伞，因为它们的存在，避免了许多小行星小天体对地球的造访。

对于这些小行星，人类已经开始建立起一定的防范系统，包括建立空间监测搜索网等，致力于寻找还没有被发现的小天体并精确测定它们的运行轨道等。

1985 年，中国科学院国家天文台使用河北省兴隆观测基地 60/90 厘米施密特望远镜实施施密特 CCD 小行星计划，在整个天空范围内对小行星进行观测。美国 GPL 和美国空军于 1995 年进行合作，使用美国空军在夏威夷毛伊岛的地面电子光学深空监测站，开始了近地小行星追踪计划。罗马聚集了各国在近地小行星领域工作的一些知名天文学家，在 1996 年 3 月 26 日正式成立了太空防卫基金会。这个基金会在全球范围内组成专用的望远镜观测网，致力于对近地小行星和彗星进行系统搜寻和监测。

而对有可能撞击地球的小行星，美国国家航空与航天局采取的策略是观测和研究小行星的本质，然后再对症下药，采取对策。对于一个可能撞向地球大约 10 千米的小天体，当发现它的轨道越来越低时，就通过放置太阳能帆板或大型火箭发动机的方式人为地干预它的轨道，使它不再对地球产生威胁。

第六节 木星及其卫星

图 42 木星

从质量和外形上看，太阳系中除了太阳，木星就是"巨人行星"了（图42），它是其他行星总和的3倍。不过就算是这样，与太阳这个星系中央的巨大发光体比起来，木星就显得有些微不足道了，因为它还不到太阳的千分之一。

在每隔13个月一次的冲时，在夜空中很容易通过光彩和颜色找到木星。这颗白色的星是天体中除了金星之外最亮的一颗（偶尔火星也会比它亮）。即使通过最小的望远镜，甚至一架普通的望远镜，我们也能发现，它是一个不小的球体，而不是像其他的天体一样是一颗星状的点。300多年前，惠更斯就注意到，在木星的圆盘上横着两道类似暗影的带子。在更大的望远镜中就会发现，这些带子是无时无刻不在变化的斑驳陆离的云状物。通过持续的观测会发现，木星的自转周期约为9小时55分钟，因此一整个夜晚就能观察到它表面的全部情况。我们今天所见到的木星斑纹与20年前的有着很大的区别，那是因为无意间闯入了木星的势力范围，木星引力所吸引的苏梅克－列维9号彗星在1994年7月撞上了木星。正是这次撞击对木星表面形象产生了巨大的影响。

对于有望远镜的观测者来说，木星有两大特色会让人过目不忘。一个是与月球形成鲜明对照的，它的圆面上光度并不平均，越到边缘会越阴暗，原本耀眼的光在边缘处柔软地发散开了。通常的解释是，围绕着木星的厚密大气造成了它边缘处的阴暗。

木星的另一个特点是，它是比地球两极更为扁平的球体，而不是正圆形。要知道，从其他行星上看地球是很难发现它与正圆球的区别的。而木星绕轴自转的速度快到它的赤道部分都凸起来了，这也是它扁率显著的原因。

望远镜下的木星

通过望远镜观察木星的状貌会发现，那是十分多变的，由于空气流动，我们观测木星的时候时常会发现它上面有着很多的云。在这些云中最多见的就是白色圆斑，而靠近赤道部分的云有时会呈现淡红色。最暗也是最容易被看清楚的云位于赤道南和北的纬度中部区域，就是它们在小望远镜中呈现出两条黑带的样貌。

对于木星来说，它的外观特点与火星截然不同，最显著的一点就是，我们可以通过历代的观测和验证画出一幅火星最精确的外观图，但是对于木星，我们却做不到。因为木星的外貌不是固定不变的，根本不可能画出这样一幅永久的木星图。

尽管木星外貌如此不稳定，但是在多变之中还是隐藏着一些不变的形态的。比如被天文学家称为"大红斑"的现象——在 1878 年，木星的南半球的纬度中部出现了红色大斑点。这个斑点非常显眼，巨大到在最鼎盛的时期足以容纳两个地球，长 2.5 万千米，跨度 1.2 万千米。1888 年，这个大红斑逐渐变小、变淡，有时几乎失去了踪迹，有时又重新变得明亮起来。在今天，木星还保持着这样的变化，以至于以后还会如此。大红斑被认为是云层顶端比周围地区高得多的高压区，并且非常寒冷。现在的观测者们还能清楚地看到大红斑下方的一块 200 多年前发现的白色大斑点（图 43）。

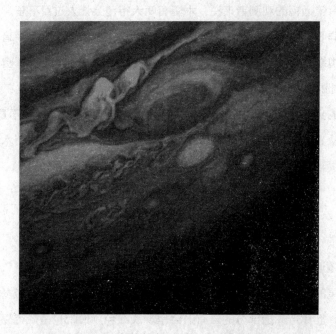

图 43　1979 年旅行者 1 号航天器拍到的大红斑

木星的构造

目前还没有一种假说可以完全解释得清楚木星结构的问题。

木星最大的特色就是密度非常小。木星的直径约为地球的 11 倍，也就是说它的体积要比地球大 1300 倍以上，如果和地球密度相同的话，它的质量远远不止现在的只比地球的 300 倍多一点。事实上，它的密度确实不如地球的大，而且只比水的密度大 1/3。根据引力定律，我们很容易知道它表面上的重力为地球表面上的 2 ~ 3 倍。在如此之大的引力之下，我们可以想象它的内部一定经过了极大的压缩，密度远大于表面密度。类比于地球的构成物质，我们猜测它的表面应该也是固体或液体物质，而它的外层应该是气状物质。

木星形貌的多变可以作为它被大气包围的佐证，还有一点证据是人们发现它与太阳的自转规律有一个相同点——虽然在赤道部分绕的圈子更长，但是它的自转周期比北纬中部地方的自转周期短。两者要相差大约 5 分钟。赤道部分自转周期为 9 小时 50 分钟的话，那么纬度中部就是 9 小时 55 分钟，也就是说这两部分的速度每小时相差 320 千米；出现这种情形的话，就证明木星的表面绝对不会是液体或者固体了。而与苏梅克－列维 9 号彗星几乎同时接近木星的"伽利略"号木星探测器证实了这一猜测。

木星的组成与形成整个太阳系的原始的太阳系星云非常相似，包括大约 90% 的氢和大约 10% 的氦及少量的甲烷、水、氨。人类对木星内部结构的探测非常有限，"伽利略"号的木星大气数据也只探测到了云层下 150 千米处。对于木星，我们只能这样推测：木星的中心核是冷的固体，核的密度大概和地球或者其他固体行星差不多，它的质量是地球的 10 ~ 15 倍。行星物质大部分集中在内核上，以液态金属氢的形式存在。与太阳内部类似，液态金属氢由离子化的质子与电子组成，但是温度低很多。木星内部压强大约为 4000 亿帕斯卡。

木星的卫星

伽利略第一次用望远镜观察木星就发现了它的四颗卫星。在不懈的坚持观测下，他发现这些行星如同其他行星围绕着太阳旋转一样，绕着木星旋转。在那个太阳中心说还没有得到公认的年代，这种与哥白尼的日心理论非常相似的结构使得人们对日心说的支持多了起来。

　　木星的这四颗卫星非常容易被观测到，只需要普通的天文望远镜或者玩具望远镜就可以，还有人甚至宣称他们用肉眼就观测到了它们的存在。如果不是因为木星的光辉太强了的话，用肉眼观测它们其实并不难，因为如果排除木星光辉的影响，它们的亮度和肉眼所能看见的最小的星一样。

　　平常很少有人叫木星卫星的名字 Io、Europa、Ganymede 和 Calliso，人们更习惯于按照它们离行星的远近来为它们命名。最小的木卫二（图 44）比月球要小一些，而木卫一比它大一点，木卫三、木卫四是太阳系中最大的卫星，甚至比水星还要大，它们的直径有 5100 千米，是月球的二分之三。不过由于它们距离太阳非常遥远，甚至超过日月间距离的五倍，所以地球上月光要三倍大于四颗星合起来照在木星上的光。它们的自转和公转周期相等，所以就像月球永远用一面对着地球一样，这些卫星对着木星的永远都是相同的一面。

图 44　木卫二

1892 年，巴纳德在利克天文台发现木星不止这四颗卫星，而是还有另外一颗，它与木星的距离更近，也要暗淡得多。它的公转周期还不到 12 小时，仅比木星的自转周期长一点，是目前已知的除了火星内层卫星外公转周期最短的一颗行星。木卫一，也就是原来的四颗卫星中最内的一颗，环绕木星一周需要 1 天又 18.5 小时；木卫四的公转周期大约是 17 天。

　　1904 年、1905 年，佩林（Perrine）在利克天文台连续发现了木星的第六颗、第七颗卫星。它们绕木星一周需要 8 个月到 9 个月，距离木星的平均距离都在 1100 千米以上。1908 年，梅洛特（Melotte）在格林尼治天文台发现了木卫八。1914 年，尼科尔森（Nicholson）在利克天文台又发现了木卫九。加上这两对更为遥远的存在，木星的卫星已经达到了九颗之多。它们距离木星的平均距离在 2400 万千米到 3200 万千米，绕木星一周的时间已经超过了两年。与太阳系中大部分成员不同的是，它们的旋转方向是由东向西，而且在这些卫星中，它们距离主星最为遥远。

　　现代天文观测技术发展得极为迅猛，因而木星的卫星也越来越多地被人们所发现。到 2012 年 2 月为止，科学家们各显神通，运用计算机运算等方法共发现了 66 颗木星卫星。

　　木星卫星中较内的轨道偏心率要小于较外的四颗，只有用大望远镜才能看见这些小得很的卫星，它们的直径或许只有 160 千米甚至更小。对于它们的来历，曾经做出了一个与内层卫星截然不同的猜测：很多天文学家认为就像曾经的苏梅克 – 列维 9 号一样，是木星巨大的吸引力捕捉到的小行星和彗星形成了外层卫星。

　　用小型望远镜就可以看到这四颗明亮的卫星在环绕卫星旋转的时候会产生"蚀"和"凌"，这是一种看起来相当有趣的现象。和其他不透明体一样，木星也有影子，除了木卫四和更远的卫星偶尔会跑远，这些卫星在从木星身旁绕过的时候几乎一定会从木星的影子中穿过。一颗卫星进入阴影后将变得越来越暗，最后在视线中完全消失。

与上述情况相反的是，在卫星们绕到木星另一边的时候，同样也会从木星的圆面经过。由于木星的边上比较暗，刚开始进入木星边缘的卫星看起来比木星更亮，不过随着时间的推移，它进入到中央部分，与后边的背景比起来，它就暗淡了许多。不过在这一暗一明之间并不是因为卫星的亮度产生了变化，而是因为我们前边提到的，木星的边缘要比中央部分暗淡许多。

卫星的影子同样有趣，它们常常会投射到木星上，在卫星经过的时候，这粒黑点同时在木星上扫过。

在航海历史书中对于木星卫星以及它们的影子的"凌星"都有预报，所以观测者们根据记载很容易观测到"星食"或"凌星"。

在不到两天的时间内，最早发现的卫星中的木卫一的食便发生了。此时在地球上的观测者通过时刻就能判断出它所处位置的经度。依照天文学家和航海家经常做的，他利用简单的天文观测方法首先纠正自己的表与地方时的误差，然后把他所观测到的卫星凌木（或者是食）的确切时刻与历书中预告的格林尼治标准时比较一下。按照本书《第一章第三节——时间与经度的关系》一章中记载的方法，得到的差异就能算出当地的经度了。

这种观测方法有大约一分钟的误差，也就是说在赤道上有约 24 千米的误差，所以并不能用于精确计算。

木星的光环

木星光环的发现很有戏剧性。由于"旅行者"1 号的两位科学家认为既然探测器已经航行 10 亿千米了，那么就应该顺道去查看一下木星的光环是否存在，于是木星光环意外地被发现了。木星的光环反照率为 0.05，也就是说它较为暗淡，是许多粒状的岩石材料组成的。在大气层和磁场的作用下，木星光环中的粒子存在得非常不稳定，为了保持光环的形状，它们只能不停地补充粒子。而在光环中公转的木卫十六和木卫十七就成了粒子的最佳供应商。

第七节 土星系统

　　土星的质量和体积在太阳系的行星中都紧随木星之后，排在第二位。土星的公转周期是 29.5 年。当它出现在天空中的时候，我们可以很容易把它与其他天体区分开来。因为它的光不会像其他恒星那样闪烁，而是一直稳定的稍微带有红色的光。

　　土星不是太阳系行星中最明亮的，却是最美丽的，它的光环构成了壮丽的景色。土星不是太阳系中唯一拥有光环的行星，但是其他行星的光环都不能和它的相比。很久以前的观测者都无法解释从望远镜中看到的土星光环到底是怎么回事。伽利略把它比作土星左右对称的把手，可是过一年再观察时，"把手"不见了。现在我们知道不是土星的光环不见了，而是我们的视线与光环所在的平面平行，所以只能看到光环的边，由于它非常薄，导致望远镜中无法看到。无法得知真相的伽利略自然百思不得其解，他认为自己被幻象所蒙蔽了，于是干脆不再观察土星。后来他把观察任务交给了别人来做，之后不久，"把手"再次出现，可是人们还是没有得到答案。直到差不多半个世纪以后，土星光环的真正面目才被既是天文学家也是物理学家的惠更斯揭示。他的解释是，土星光环是一层不和行星表面接触的很薄的平面光环，所在平面与黄道面成一定角度。

土星的结构特点

　　在物理构成上，土星和相邻的木星有相当多的相似之处。它们的密度都小得惊人，土星的密度还没有水的密度大。还有另一个特点是自转周期很短，土星上的一天只有大约 10 小时 14 分钟，不到地球自转周期的一半，但是比木星的一天还要长一些。土星周围像是有云包裹着，而且包裹物在不停地变换形状，这也与木星类似，只是土星的光较暗，看上去有些模糊。土星密度小的原因应该是与木星相同的，它庞大的外形下只有很小一部分是高密度的内核，外层则是被厚厚的大气包裹，好像是一个铁球外面裹了厚厚的棉花，看着很大，实际重量只是中心铁球的重量。

变化中的土星光环

法国的巴黎天文台（Paris Observatory）有着悠久的历史，它于 1666 年创建，路易十四（Louis XIV）统治期间成为国家的重要科学部门。卡西尼在此观察土星光环时发现了光环存在环缝，这道环缝被命名为卡西尼环缝。实际上在同一平面上有内外两道光环。后来恩克（Encke）在外面那道光环上又发现了环缝，这道环缝被命名为恩克环缝。但是两道环缝中后者远没有前者清晰。

我们可以通过俯视图来清楚地还原土星光环的各种状态和变化，当然我们从地球看去是永远不可能出现这个角度，如果有一天航天员能飞到土星上空，他会看到的。在图 45 中，我们看到光环被卡西尼环缝一分为二，外环较窄、内环较宽。在外环上可以看到恩克环缝，只不过找到它要多花一些眼力，恩克环缝比卡西尼环缝模糊许多。可以看到内环越向内，光线越暗淡，再向内可以看到灰暗的边，它被称为"土星暗环（crape ring）"。最先将它展示在世人面前的是哈佛天文台的邦德（Bond）。很长一段时间内，人们认为这是一道独立的光环，但是经过仔细观测和研究证明，在图 46 中，暗环与外面的环是相连的，而且在相互靠近。

图 45　土星光环详图

图 46　土星光环平面的方向不变

土星光环所在平面与土星轨道平面所成的角度不会因为土星围绕太阳公转而改变，一直保持在27°左右，通过图47可以看到土星的公转轨道。土星到达A点时，从太阳上观察到的是土星光环的北面，到达B点时，土星光环的边可以被观察到，从A点到B点要经过7年。接着土星光环的南面会被观察到，在到达C点时，倾斜角最大，此后光环可以被观察到的面积一点点缩小，到达D点时又是边对着太阳了，接着光环的北面又逐渐呈现。如此往复。

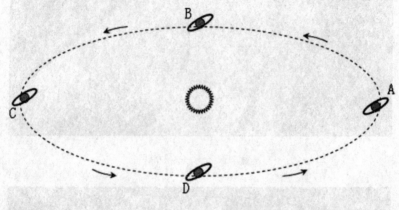

图47　倾斜的土星光环

从地球上观察土星与太阳上观察土星没有什么太大差异，因为地球到太阳的距离与土星到太阳的距离比起来显得微不足道。在15年的时间里，我们可以看到土星光环的北面，在中间的第7年，光环与我们视线的成角达到最大，我们能看到的面积也达到最大。随后角度一年比一年小，我们看到的只有光环的边，到第15年，它变成了土星表面的一条线，最细的时候几乎看不到它的存在。接着下一个15年开始，这次我们看到的是光环的南面，15年后又变成一条细线。就这样轮回下去，每30年一个周期。

知道了光环的形状就可以想到不同角度下它应该呈现的姿态。从地球上观察，光环一直与我们的视线有一个倾角，这个倾角最大的时候也只有27°。所以我们看到的光环的样子一般都和图47中表示的一样。倾角越大，光环对着地球的面积越大，光环的细节也就能够被清楚地看到，连平时非常难观测到的环缝和暗缝此时也能观察得到。这时土星的影子投在光环上看上去像是一条暗缝，而光环也把影子投在土星上，土星上也出现了一条暗条。

光环的组成

土星及其光环呈现此种状态的原因让人们难以解释，因为大家都认为牛顿的经典力学定律应该不仅适用于地球，其他星球也应该同样遵循。但是土星的内环距离土星非常近，应该早就被拉到土星表面了，不可能维持如此美妙的状态。实际上土星光环是由大量的体积较小的"石头"组成的，它们没有连在一起，而是彼此间保持一定的距离，这是潮汐力作用的必然结果。这个事实很早就被认定了，尴尬的是因为没有充分的证据，所以无法证实。后来一位叫基勒（Keeler）的天文学家使用分光仪得到了土星光环的光谱，发现暗线光谱不是稳定的，而是移动的，这说明光环的各个部分是以不同的角速度围绕土星旋转的，光环靠内的部分角速度最大，越向外，角速度越小。经过计算，每个位置的角速度就是该位置存在卫星时应有的角速度。所以可以肯定土星光环是由很多小石头组成的。至于土星光环从哪里来还无法确定，有可能是行星形成之初就有的，但是在不断运动中很难一直维持稳定，有可能是处于动态的平衡之中，也有可能是近处的卫星毁坏后形成的。

土星的卫星

土星不仅有迷人的光环，它的卫星数量也比除了木星之外其他太阳系的行星多得多。截至 2017 年，人们共发现了 62 颗土星的卫星，这些卫星大小各不相同。其中土卫六被人们称为泰坦，使用直径不大的望远镜就能看到，它是太阳系行星的卫星中第二大的（最大的是木卫三）。土星最小的卫星要使用很大直径的望远镜仔细观察才能看到。土卫六的发现者是惠更斯，他在研究土星光环的时候意外发现了这颗卫星。随着惠更斯通信文集的公开，我们才得以知道他发现这颗卫星的故事。在惠更斯发现土卫六后，为了让大家知道这颗星是他最先发现的，他按照当时天文界的常用方法把土卫六的信息编到了一个谜语里，通过字母间的组合可以知道这颗新发现的卫星公转周期是 15 天，也就是 15 天围绕土星转一周。惠更斯把他的谜语发给了英国著名天文学家沃利斯（Wallis），并向他解释了谜底。不久后，沃利斯给惠更斯也回复了一个谜语，长度同惠更斯编的不一样长，但是谜底表达的意思是一样的。沃利斯借此表达的意思是惠更斯编谜语的做法是没有什么意义的，别人也可以编一个不同谜面的谜语来传达同一件事情。由于土卫六的大气层与地球孕育出生命的早期条件相似，所以科学家们对土卫六的重视程度越来越高。它表面的气压约 150千帕，大约是地球的 1.5 倍。其大气组成与现在的地球大气组成相似，主要是分子氮占 90% 以上，还有约 6% 的甲烷和氩气，除此之外，还包括少量的氢氰酸、乙烷等有机化合物。这些有机化合物主要在大气外层，在阳光的照射下分解成了类似地球上烟雾笼罩一样的情况，但是比地球上的更厚，这对研究地球上生命出现早期大气的作用有很大意义。随着惠更斯于 1655 年宣布发现土卫六，当时的人们认为太阳系的行星和其卫星已经全部被找到了。那时人们共发现了 7 颗大卫星和 7 颗小卫星，这个数字对欧洲人来说是充满魔力的数字，所以人们更加认定了它的准确性。但是到了 1685 年，卡西尼的发现使"魔数"失去了魔力，他宣布新发现了 4 颗土星的卫星。到了 1789 年，另外一位伟大的天文学家赫歇耳（Herschel）又发现了 2 颗。1848 年，邦德在哈佛天文台发现了第八颗。1898 年，皮克林（Pickering）发现了第九颗……

下面的表中列出了土星各个卫星的发现者姓名，它们与土星的距离以及各自的公转周期。

编号	名称	发现者	发现年	对土星距离 （千米）	公转周期 （天）
土卫一	Mimas	赫歇耳 （Herschel）	1789	186 000	0.94
土卫二	Enceledus	赫歇耳	1789	238 000	1.37
土卫三	Tethys	卡西尼 （Cassini）	1684	295 000	1.89
土卫四	Dione	卡西尼	1684	377 000	2.74
土卫五	Rhea	卡西尼	1672	527 000	4.52
土卫六	Titan	惠更斯 （Huygens）	1655	1 222 000	15.95
土卫七	Hyperion	邦德 （Bond）	1848	1 481 000	21.28
土卫八	Iapetus	卡西尼	1671	3 561 000	79.33
土卫九	Phoebe	皮克林 （Pickering）	1898	12 952 000	−550.48

从表中可以看到这些卫星与土星的距离相差很远。由于引力潮的关系，靠近内层的 4 颗卫星的公转周期保持着看上去很和谐的规律，另外 5 颗内层的卫星则有另一种完全不同的规律。之后很大的距离内都不存在卫星，这个距离超过了 5 颗行星所跨越的宽度；再向远处是土卫六泰坦和土卫七海伯利安（Hyperion）。之后又是一段空隙，超过了海伯利安的距离，接着到了土卫八伊阿珀托斯（Iapetus），最后是土卫九福比（Phoebe），又几乎是 4 倍开外的距离。这些卫星的位置关系决定了它们公转周期之间存在微妙的关系。土卫三周期差不多是土卫一周期的 2 倍，土卫四周期差不多是土卫二周期的 2 倍。除此之外，泰坦周期的 4 倍与海伯利安周期的 3 倍几乎相当。

两颗卫星公转周期间的种种联系实际上反映了它们之间相互作用力达到了某种平衡状态。为了更加清晰地看到这一点，我们画出了它们的轨道图（图 48）。靠外的轨道是海伯利安的轨道，比起泰坦有更大的偏心率。假设在某一时刻两颗卫星与土星处于同一直线上，内侧的泰坦处于 A 点，外侧的海伯利安处于 a 点。又过了两个月零 5 天，泰坦公转了 4 周，海伯利安公转了 3 周，二者在距离上次相合点很近的位置再次相合。这时泰坦在 B 点，海伯利安在 b 点，下一个 65 天后二者还会相合，相合点再向上移动一点，这个相合点距离上次的点会很近，可能按照比例来说比我们图中的还要近一些。然后相合点会这样移动下去，大约再移动100次以后，二者相合时的位置回到最初的A点和a点，这大约要经过19个年头。

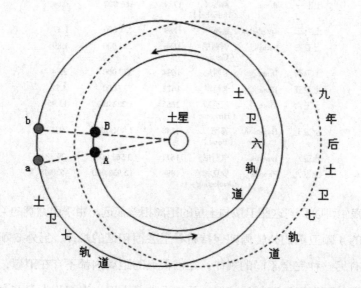

图 48 土卫六与土卫七的轨道及其相互关系

　　海伯利安公转轨道的长轴会随着相合点的改变而改变，所以在两颗卫星轨道相距最远时会发生相合。图中的虚线表明在9年的时间里海伯利安的轨道一点点发生变化，最后长轴改变了，几乎旋转过来了。这种情况在太阳系非常罕见，天文学家们对此也非常感兴趣，进行了长时间的观察和研究。人们猜想土星的卫星中还有因为相互作用而影响轨道的情况，比如前文说到的土卫一和土卫三、土卫二和土卫四很有可能也是如此。

　　除了最外面的两颗卫星之外，土星的卫星和土星光环都处于一个平面，这是它们之间作用力作用的结果，当它们处于同一平面时，刚好达到力的平衡条件，如果不是互相作用的话，它们早就被太阳的引力拉开了。但是即使处于同一平面，它们与土星轨道的夹角还是相同的。还有一点值得关注的地方，土星最外层的卫星公转方向是由东向西，木星最外层有两颗行星也是这么运动的。

第八节　天王星及其卫星

按照与太阳的距离排列，天王星排在所有行星中的第七位，仅比海王星近一些（图 49）。这样的排名听上去应该只能通过望远镜观察了，但实际上目力好的人仅凭肉眼还是能够看到它的。当然这个人首先要找准它所在的位置，以免把它与其他的星星认混。威廉·赫歇耳于 1781 年发现了这颗星，最初他以为这是一颗彗星的核，但是他看到其运行轨迹与彗星应有的轨迹完全不同，经过反复观测后，他确定这是一颗行星——他发现了地球的一个新"兄弟"。他把这颗星命名为 Georgian Sidus，以表达他对一直为他提供保护的英王乔治三世（George Ⅲ）的感激之情。英国人在此后的差不多 70 年中一直这样称呼它。欧洲其他国家的人则坚持认为它应该以发现者的名字命名，所以称它为"赫歇耳"。直到 1850 年，人们才统一使用之前波特为它起的名字——天王星。发现这颗新行星之后，人们开始测定它的轨道。通过计算，它以后的运动轨迹也被描绘出来。人们惊奇地发现，在 100 多年以前它就被发现并记录了。在英国的弗兰斯蒂德（Flamsteed）所编制的恒星表中，从 1690 年开始，在此后的 25 年中，它被当作恒星记录了 5 次。巴黎天文台的勒莫尼耶（Lemonnier）也曾在短短的两个月里对它进行了 8 次记录，但是没有进行更有针对性的观测，当知道赫歇耳发现的新行星是这颗星时，他才明白自己曾经无限接近这份荣耀，在之前的 10 年当中，他有很多次机会，但是错过了。天王星的公转周期比地球长得多，达到了 84 年，所以在较短的时间内，我们从地球上几乎看不出它是运动的。

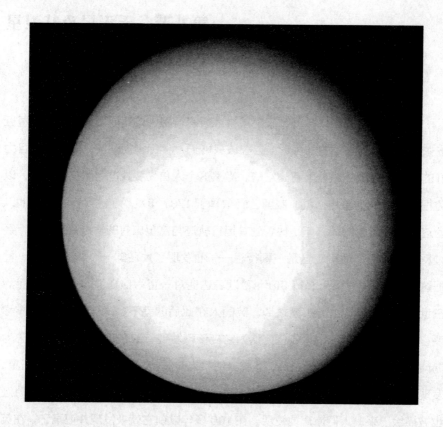

图 49　天王星

　　天王星距离太阳 19.2 个天文单位，几乎是土星到太阳距离的 2 倍，用千米表示，大约有 28.71 亿米。这样遥远的距离很难清晰地看到它表面的情况，通过先进的望远镜可以看到它呈一个原棉，白色中带有一点绿色。

　　同地球等太阳系中的行星不同，天王星的自转轴线不是与黄道面相垂直的，它的自转轴线几乎与黄道面平行，这种情况很少见。人们在观察天王星时发现它也有光环，这个事实证明了光环不是土星特有的，应该是气态行星共有的特点。组成天王星光环的物质同组成土星光环的一样，包括直径 10 米的石头和一些尘土。但是这道光环却和木星的光环一样，很暗淡。

天王星的卫星

目前发现的天王星（图 50）的卫星数量为 27 颗，其中最大的四颗能够通过普通的天文望远镜观察到，它们距离天王星的距离最近的有 30.9 万千米，最远的有 94.3 万千米，由远及近依次是奥伯伦（Oberon）、提坦亚（Titania）、昂布里特（Umbriel）和阿里尔（Ariel）。

天王星卫星的发现过程也是很曲折的。在 19 世纪之前，人们一直认为天王星只有 6 颗卫星，其中有两颗亮度较高，很容易观测到，另外赫歇耳通过他的天文望远镜又发现了 4 颗。当时赫歇耳的天文望远镜是最先进的，更多的卫星没有再被发现，所以这个情况持续大约有半个世纪。快到 1850 年的时候，英国人拉塞尔制造出了两架口径突破纪录的反射望远镜，其中相对较小的口径是 61 厘米，大的口径是前者的两倍。为了有更好的观测条件，拉塞尔组织人把大口径的望远镜搬到了马耳他岛（Island of Malta），那里的夜空比起伦敦不知道要清澈多少。望远镜布置好之后，拉塞尔和他的助手开始对天王星进行认真的持续观测。观测一段时间后，他们确定赫歇耳所说的那 4 颗卫星并不存在，而是发现了另外两颗新的卫星，这两颗卫星距离天王星很近，所以之前的人们不能分辨出来。可是在随后的 20 年中，欧洲的天文学家们通过不同的望远镜都没能找到拉塞尔所说的新卫星，于是人们也怀疑这次是否和上次一样没有新卫星。直到 1873 年要结束的时候，天文学家使用华盛顿海军天文台一架新制造的 66 厘米口径的望远镜观察到了拉塞尔所说的卫星。天王星的卫星有一个显著的特点：在天王星轨道的特定两点上，卫星绕天王星运动的轨道几乎与天王星绕太阳运动的轨道面是垂直的，从地球上看，那些卫星像钟摆一样在天王星南北方向摆动。随着地球和天王星相对位置的变化，我们看到那些卫星的轨道不再是一条直线，经过 20 年，我们再次看到卫星像钟摆一样运动了，这时它们的轨道差不多是一个圆，接着会继续发生变化。

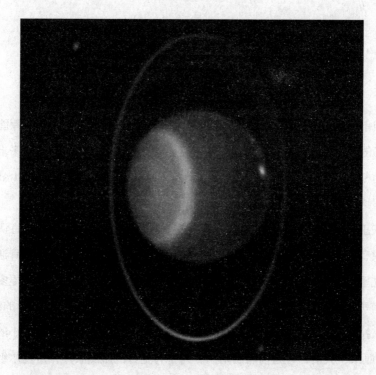

图 50 哈勃太空望远镜拍到的天王星影像

第九节 海王星及其卫星

目前为止，距离太阳最远的行星是海王星（图51），它距离天王星10.8个天文单位，距离太阳30个天文单位，它的体积和质量与天王星接近。到达那里的阳光有限，海王星反射的光更少一些，通过肉眼根本无法看到它的位置，即使使用中等望远镜观察也只能看到一个暗淡的亮点，只有经验丰富的人才能把它与其他恒星分辨出来。通过更先进的望远镜才能看到海王星面对我们的圆面，与天王星表面的白中带绿不同，海王星看上去通常是铅色或蓝色的。在它的表面上没有什么明显的特征可以用来作为参照物，所以我们无法观测到它的自转周期。但是通过分光仪可以测出它的自转周期为15.8小时。

图51 旅行者2号航天器拍到的海王星

海王星于1846年被发现，但不是通过直接观测发现的，而是通过观察天王星的运动规律，发现有一个外力作用于天王星上，这个力只能是附近天体的引力，最后经过数学计算发现了海王星。当时除了长长的计算公式，没有一点实在的证据。那是一个精彩的故事，值得为读者简要介绍一下。

发现海王星

波伐（Bauvard）是法国的数理天文学家，他生活的年代是 18 世纪末到 19 世纪初。到 1820 年，他用差不多 20 年的时间对当时太阳系最外侧的三颗行星——土星、木星、天王星的运动轨道进行计算，制作它们新的运动表。在计算过程中，他使用拉普拉斯算法计算出因为行星间相互作用力而产生的误差。这样得到的土星和木星的运动表十分准确，但是用同样方法计算出的天王星运动表却与天王星实际的运动轨道不相符。实际上，它的轨道与赫歇耳所做的记录还能勉强对应上，但是与弗兰斯蒂德及勒莫尼耶把它当作恒星时所做的记录完全对应不上。于是波伐不再参看旧的观测记录，完全按照自己的观测进行记录，排好天王星的轨道，然后将其发表。但是没过多久，人们发现它的位置又与计算所得结果不符。人们意识到其中肯定有什么重要因素缺失了。1845 年，法国天文学家勒威耶有一天脑海中灵光一闪，他想到天王星的轨道异常有可能是另一颗没有被发现的行星产生的相互作用力引起的。他尝试根据不同位置的误差值来计算那颗看不见的行星的轨道。在 1846 年夏天，他向法国科学院提交了他的计算结果。

一个名为亚当斯（John C.Adams）的剑桥大学学生也产生了与勒威耶一样的想法，并在勒威耶之前开始计算未知行星的轨道，然后把结果提交给英国天文学会，这个时间点也早于勒威耶。两个人都计算出了未知行星当时的位置，所以将它从恒星背景中区分出来就可以把未知变成已知了。不幸的是，他们的声音没有被重视，更多的是不相信。天文学会的艾里（Airy）就是这样的人，而他恰恰是有决定权的人，他认为从茫茫恒星中寻找一颗行星不是一件理智的事。后来勒威耶的预言应验，这件事被逐渐重视起来。

人们认同未知行星的存在，然后找到它成了所有人的目标。然而在当时，这个目标却不好实现。当时连性能好一些的照相设备都没有制造出来，更不用说分光仪、计算机等现代设备。人们只能使用望远镜对那片区域进行不间断观察，在发光的群星中找出发生位置变化的，然而不知道哪颗是行星也就不知道哪颗是恒星，所以在这片区域中选取作为参考的星十分困难，必须经过一次又一次核对。剑桥大学的查利斯（Challis）在这期间做了大量的工作。

在查利斯努力工作的同一时间，德国柏林天文台的伽勒收到了勒威耶的信。信上，勒威耶说明了新行星当时应该所处的位置，当时德国的天文学家们刚好制作完成了一片星空的星图，而新行星的位置就处于这幅星图之中。德国的天文学家们迫不及待地对照星图对那个位置进行观测，看看能否发现星图中没有标注出的天体。他们的观测非常顺利，没过多久就发现了一颗没有出现在星图中的天体，而且似乎这个天体还在移动之中。为了保险起见，天文学家们第二天晚上又进行了一次观测，他们从望远镜中看到那个天体已经移动了不少的距离，伽勒认为那无疑就是新的行星了。于是他给勒威耶回信说，新的行星的确存在。

还在工作中的查利斯听说了柏林天文台的发现，于是他仔细查看了自己的观测记录，发现他之前已经两次观测到这颗新的行星了，由于没有拿它进行对比，所以错过了。最后，勒威耶和亚当斯分享了发现新行星也就是海王星的荣誉。

海王星的卫星

全世界天文学家对这颗新行星都充满了强烈的兴趣，绝大部分先进的天文望远镜都朝向同一片星空，希望能有新的收获。没过多久，海王星的第一颗卫星被拉塞尔发现。这颗卫星的直径大约是 2700 万千米，与海王星的距离为 35.5 万千米，和月球到地球的距离差不多，它的公转周期还不到 6 天，差了 3 个小时左右（图 52）。由此可得出海王星的质量是地球的 17 倍。这颗卫星由西向东绕海王星转动，公转轨道形状差不多是个正圆，与海王星赤道有 20° 夹角。这个夹角在过去 600 年里几乎没有变化，只是轨道向东边平移了一些，这种远离行星的运动叫作退行。这颗卫星退行是因为海王星的腰围在增大，也就是赤道那里出现轻微的膨胀。通过测量出的退行速度可以计算出膨胀了多少。当然这个现象是没办法通过望远镜观测出来的，望远镜里，海王星还是一个小圆盘。

海王星周围也存在光环，不过非常暗淡，很难观测清楚其内部结构。海王星的光环被分成四层，并且基本上都已经有了属于自己的名字。最外一层被称为亚当斯（Adams），它由三段明显的弧组成，分别是自由（Liberty）、平等（Equality）和互助（Fraternity）；第二层没有名字，但是海王星的卫星加拉蒂（Galatea）被包含在这层光环之中；第三层叫作莱弗里（Leverrier）；最靠近海王星的一层很宽，但是比外面的三层更暗淡，它的名字叫盖尔（Galle）。

图 52　海王星和海卫一

第十节　被"降级"的冥王星

　　物理学规律和数学计算为海王星的发现发挥了至关重要的作用。但是后来天文学家们发现，确定海王星的存在后，天王星的运动轨道也与预期有一定出入，海王星的运动也有些"不规矩"。这个误差在数值上看来微不足道，一部分天文学家认为这在可以接受的范围，海王星之外应该不会再有未知的行星存在了。如果还存在新卫星的话，发现它也十分困难，因为它引起的变化微乎其微，想像海王星一样通过计算得到它的轨道几乎不太可能，而且距离太阳那么遥远，那颗星必然更加暗淡，从望远镜中寻找难上加难。

　　罗尼尔供职于美国的亚利桑那天文台，一直致力于寻找那颗可能存在的新行星。通过反复的计算，他得出了一个轨道参数，于是和其他天文学家一起开始观测。与寻找海王星时不同，更先进的照相机已经被发明出来，这样可以用摄影法来进行寻找。他们在不同日期对新行星可能出现的区域进行拍摄，然后在照片中进行对比，没有发生位置移动的是恒星，如果有位置发生移动的那就应该是一颗行星，而且很有可能是要寻找的那一颗。

　　直到 1916 年离世前，罗尼尔还在心心念念遥远天空中的那颗可能存在的行星。观测工作也在一直进行着，其间好几次人们认为已经找到了，在照片中对比出有移动的天体，但是遗憾的是一次一次的都是误判，被发现的其实是火星和土星之间的一些小行星。不过天文学家们一直没有气馁，观测一直没有中断。到了 1930 年初，天文学家在双子座的 δ 星附近发现了一个天体，照片对比判断出它的移动速度非常缓慢，从公转周期上来说，它的公转周期绝对比其他行星都长，也就是说，它比其他行星距离太阳都远。然而当时无法断定它真的是新的行星还是又一颗小行星。于是几乎全世界的天文望远镜都朝向了它所在的区域。经过一段时间观测，天文学家们断定它是匀速运动的。可以肯定它就是一颗新的行星。1930 年 3 月 13 日，地球上的人们知道了地球又多了一个

"兄弟"，发现它的人名叫汤博（C.W.Tombaugh）。在这之后，人们开始查看以往的观测记录，看它是否在之前就被观测到了。果然找到了很多条记录，最早的记录追溯到了1919年。这些记录可以为计算冥王星的运动轨道提供帮助。最终得出它围绕太阳转一圈需要249年，它到太阳的平均距离是地球到太阳距离的39.6倍。

冥王星与海王星的平均距离有14亿千米，它的轨道并非圆形，而且它运动的曲率是太阳系行星中最大的，甚至在某一处与海王星的轨道有交叉。这是否意味着两颗行星有可能相撞呢？答案是否定的。经过计算，虽然有时冥王星会到达比海王星还要近的位置，但是由于它的轨道倾斜严重，两颗行星最近时的距离也有3.66亿千米，完全没有可能相撞（图53）。

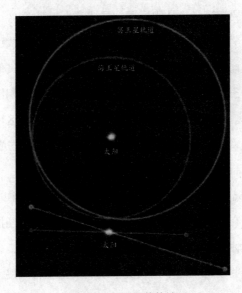

图53　冥王星的轨迹

冥王星（Pluto）的得名有两层含义。一是为了纪念前文中的罗尼尔，PL是他名字Percival Lowell的缩写。他生前一直在寻找冥王星，冥王星最终被发现之处，便在他曾参与创建的天文台上。第二层含义是冥王星所在的区域如同黑暗的深渊，它是那个幽暗世界的王者，这与"冥王"的字面意思比较相符。一部分天文学家提议把它叫作"海后星（Amphitrite）"更合适，海后是海王的妻子，把"冥王"的称号留给比它还遥远的黑暗太空中可能存在的新行星。那么冥王星到底是一个怎样的存在呢？它的大小和质量与它附近的那些巨人行星不太一样，而是与地球更为接近。2006年1月19日，美国国家航空与航天局发射了空间探测器"新视野"号。"新视野"号探测器随机携带的远程观测成像仪（LORRI）拍摄到了木星本身，并且拍摄到了木星上不久前刚刚形成的小红斑。有科学家认为与海卫一样，冥王星是由70%的岩石和30%的冰水混合而成的，地表上光亮的部分可能覆盖着一些固体氮、少量的固体甲烷和一氧化碳，大气可能主要由氮、一氧化碳及甲烷组成。对于冥王星上的观测者来说，太阳只是一个大一些的光点，光度差不多是满月之光的300倍。而且冥王星表面温度非常低，只有零下380华氏度（约零下211℃）。因此我们可以斩钉截铁地说，生命绝对不会乐于在这片土地上繁衍。

故事讲到这里变得让人啼笑皆非。当研究照片后发现了新行星确定存在的之后，天文学家就马上着手计算它的轨道与大小。当发现它其实非常小之后，人们就开始怀疑它是否真的和罗尼尔猜想的一样，能引起天王星的运动变化。只相信细心计算的耶鲁大学（Yale University）的布朗教授（Prof.Er est W.Brown）主持了这个研究，经过精确细致的计算之后，他给出了答案，冥王星对天王星的影响并没有猜测中的大，他甚至说"不能像罗尼尔那样由它加于天王星的影响而计算推断出它的存在"。也就是说，罗尼尔的计算只是一个理论上的游戏。要说他的功劳，只能认为他用自己的财产创立并且辅助了一座参加了普通天体摄影研究的天文台，这个天文台致力于通过检查照片而发现新行星。而遗憾的是，这特殊物体是在他死后很久才被找到的。

2006年8月24日的第26届国际天文学联合会（IAV）上，冥王星失去了它保持了70多年的大行星地位，因此，太阳系的大行星又只剩下8颗。不过不管人们如何界定冥王星，也改变不了它近乎传奇的被发现经过以及它运行的轨道和方式。

第十一节　太阳系的视差测量

　　天文学上利用工程师测定不方便实地到达物体的方法来测定天上星体的距离。具体操作是利用实际上可以比较轻松到达的 A 点及 B 点为基准来测定遥远并且不能到达的第三点 C（图 54）。工程师在 A 点测定 BC 间所成的角，再到 B 点测定 AC 间所成的角。根据三角形的内角和为 180° 的原理，减去两个已知角就能得出 C 角了。由于 C 角是和基线相对的，所以站在 C 点的观测者会看见 AB 两点的夹角，这角度通常称为"视差（parallax）"，也就是从 A 点看 C 点和从 B 点看 C 点的方向差异。只要我们的读者学习过初等几何，就会轻松地利用三角形的知识测出相对于地球上已知的 AB 两点相对于我们要测量的遥远星球上的 C 点的距离。人们把这种测定视差而得到距离的方法叫作"三角测量法"。

　　深入地思考这个测量方法就能看出来，对于基线 AB 而言，物体的距离愈远，视差就愈小。如果距离足够远的话，这个视差就很难被观测者发现了。对于一个十分遥远星球的测定，就算用赤道直径作为测量的基准，也会发现视差极其微小。所以说如果想用视差的方法来测量距离，基线必须足够长，而角度的测量也需要十分精确。

　　在一切天体中，月球因为距离地球最近，所以视差最大。假设以地球赤道半径作为基线，这个角甚至几乎达到 1°，所以人们对于月球距离的测定是较为精确的。即使是仪器不够精密的公元二三世纪，用这个方法，托勒密（Ptolemy）也已经可以大致准确地测量出月球的距离了。不过如果没有较为精良的仪器来测定太阳及行星的视差，那么人类将无法用这个方法较为精确地得到太阳和其他行星的距离。

测量中基线的两端可以是较为随意的，只要它存在于地球上就可以了，也就是说，格林尼治和好望角两地的天文台也是可以作为基线的两端的。在金星凌日发生的时候，金星凌日开始和完成时刻相对地球上的一些不同位置的天文观测机构的方向被他们记录下来。人们把这些不算少的数据进行印证和计算，较为精确地得出了金星或者太阳的距离。

只有知道某一时刻任何一个行星与我们之间的距离，才能知道全太阳系的大小。经过历代天文学家的努力，所有行星的轨道及运动已经被精确地绘制成图表了，不过就算这个图表摆放在面前，我们也不能量出图中此点到彼点间的距离，因为它上面没有千米数或比例尺。天文学家需要得到这种太阳系图的比例尺。

对于天文学家来说，地球到太阳的平均距离就是他们想要得到的基本单位。为了得到这一距离，天文学家们想过许多办法，甚至有一些办法得到的数据比测量视差法精确得多，还有一些方法和它一样精确。

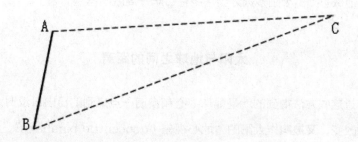

图 54　用三角测量法不能准确测出遥远物体的距离

通过光速计量

利用光速是这些方法中较为简单和显著的方法之一。通过观察地球在轨道中不同点时，木星卫星的食得知光经过与地球太阳之间相等的距离需时约 500

秒。还可以利用星的光行差来进行此类的测定。光从太阳到地球时需要 498.6 秒，其中地球及光线的联合运动产生星的方向的细微改变，我们只需要用光传播的速度（最新公布，光速是每秒 299792.458 千米）乘以 498.6，就可得太阳的距离了。也就是说，从地球到太阳的距离约有 14950 万千米。

利用引力计量

还有一种方法可以测定太阳系比例尺，那就是利用太阳加在月球上的引力的量度。我们会发现，在月球环绕地球公转时，上弦期它约在平均位置之后两分钟多一点，到望月时不仅赶了上来，还会有一定的超越，于是在下弦期它又在平均位置之前两分钟了。到朔时它因为落后又回到平均位置上去了。此时的荡动与月球绕地球的运动相协调。因为荡动的量恰好与太阳的距离成反比例，所以量度出这个量就知道距离了。

利用引力来测量也是一种可行的办法。当我们精密测定太阳比地球重多少倍时，地球必须离太阳多远才会环绕它每年一周就不再是问题了。

太阳与地球之间的距离

通过这些方法得到的就是地球中心和赤道一点望到的日出日没时太阳中心方向的改变，又被叫作太阳的"地心视差（geocentric parallax）"。这 8.8 秒的微小视差当然不是肉眼能够发现的，不过在望远镜中，这个角度却无所遁形。也就是说，如果从太阳上用肉眼看地球，只能看到一个光点，在望远镜中看到的却是小圆盘。

因为太阳的视差和赤道部分的地球半径已经被人类所知晓，算出太阳的平均距离最可靠的值是 14960 万千米也就变得简单了。

尽管对人类来说以千米计数，太阳和地球之间的距离似乎十分之大，但是如果用光速或无线电传递速度计，这不过需要 8 分钟多一点而已，反观最近的恒星距离却已超过 4 光年了。如果从离我们最近的恒星上看去的话，太阳只不过是一颗星，而就算是用我们有的最大望远镜也找不到地球的踪迹，就算是能看见，也仅仅是勉强把太阳和地球分开而已。在我们看来如此之远的距离，能造成的角度还不到一弧秒。

人们把地球到太阳的平均距离当成是太阳系全图的比例尺，也就是所谓的"天文单位（astronomical unit）"，借此来为其他行星的距离确定一个基础度量。除此之外，人们还把它当成是量度太阳系以外的恒星及其他天体距离的一根大基线。为此，天文学家们绞尽脑汁，只为尽最大的能力将这个距离测量得更为准确。

第十二节　利用引力称量行星

我们已经了解了许多行星环绕太阳运行的情形，不过我们也要清楚地知道，行星运动并不是遵从轨道，而是因为它们受到了万有引力的支配。关于引力定律，牛顿是这样解释的：宇宙间物质的每一质点都吸引着其他质点，其力量正与其间距离的平方成反比例。后来这个定理在爱因斯坦的丰富下变得影响更为深远了。在他发展后的定理中，能量与质量是统一的，能量也具有引力的效应。我们可以通过著名的 $E=mc^2$ 将能量等效成质量后计算，得到引力的大小。目前为止，物质的引力并不能被任何加于它身上的作用所改变。也就是说，两物体互相吸引的力完全相等。对于两个物体来说，它们之间的引力与它们的运动速度、距离或者是它们之间的障碍完全无关，它们总是相等的。

行星之所以运动，是因为它们之间存在引力。不管有几颗行星环绕着太阳，因为它们受到了太阳的吸引力，所以一定会继续绕转下去。纯粹数学的计算就可以知道，就算只有一颗行星，它也会绕成以太阳为焦点的椭圆形轨道，而且它会一直沿着这条轨道旋转下去。在 17 世纪，开普勒沿用第谷的观测资料观测之后证明了这个事情。在很久之后，牛顿的万有引力定律也说明了这个理论的正确性。不过根据牛顿定律我们知道，一颗位于太阳系的行星，不仅会受到来自太阳的引力，因为具有质量，行星间也是相互吸引的。虽然这种引力比来自太阳的引力要小得多，那是因为与太阳相比，其他的行星小得太多了。正是这种引力的存在，使得行星的运动慢慢地偏离椭圆形轨道。因此行星的轨道都是不太规则的椭圆形。

对于数学家来说，行星运动不仅仅是天文学家的研究范畴，也是他们的舞台。除了牛顿以外，世界上又有大批的数学家投入到了对行星运动的计算研究之中，对前人的工作进行修正和发扬。拉普拉斯与拉格朗日（Lagrange）在牛顿定律提出一百年以后对于行星椭圆轨道的形式位置变动发表了更为完善的解释。通过他们的努力，我们知道了几千年、几万年甚至几十万年以前行星运动的变化，而且我们发现地球绕太阳轨道的偏心率正在逐步减小，在缩减4万年以后又会逐渐增加，使得几万年之后会比现在的更大。其他的行星也同样如此。地球的轨道在漫长的岁月长河中不断地增加或减少，改变形状。对于漫长的时间长河来说，可能在我们眼里很长的一个时间段就如同一秒一样。读者很可能会对这些数学家、物理学家对行星运动长达千万年的行星运动预测结果产生怀疑，但是就目前观察到的结果来看，他们的预言准确到让人诧异。当然，这种预测的准确来源于研究人员对待测定行星的研究精细到了几乎每一个对它有影响的行星。如果仅仅是设定这个行星在固定的椭圆轨道中绕着太阳旋转而不考虑其他行星对它的影响的话，我们的预言就不会如此准确了，这时候它的差错程度甚至可以达到几分之一度，而随着时间的增长，这个误差也许会更大。

不过如果加入了其他行星的引力的话，这种预言就准得让人尖叫了，就算在现在最精密的天文观测中都很难觉察出它的误差。前文提过的海王星的发现史就是这种预言可靠性的最佳例证。

行星质量的测定

现在我们知道，物理学家和数学家想预测行星运动的话，必须已知每个行星加在其他行星上的吸引力。那么他们是如何知道这个吸引力的大小的呢？我们都知道，行星加在其他星上的吸引力是与施加引力的行星的质量成正比的，所以天文学家想知道这个行星的引力，把它的质量称一下就可以了。称行星的质量说起来高端，其实就和屠夫使用弹簧秤称牛腿的原理是一样的。在屠夫拿起牛腿的时候，他感到牛腿对他的手产生一个向地球拉的力。在他把牛腿挂上秤钩的时候，这个力就从他的手上转移到秤的弹簧上去了。拉力越大，弹簧下拉的程度越大，通过秤的标尺就可以看到这个拉力的大小。因为力的作用是相互的，所以测出的拉力虽然是地球加在牛腿上的吸引力，不过牛腿吸引地球的力与之恰好是相等的。也就是说，屠夫称重的过程其实就是去发现牛腿对地球的吸引力有多大，只不过他把这个吸引力叫作牛腿的重量。同理，天文学家们去称量一个天体的质量，也就发现了它加在别的物体上的吸引力。

当然，如果要把这个原理真正地变为实际应用来称量天体的质量，似乎是很难实现的，因为我们根本无法去这个天体上称量它们。那么他们是如何测量它的吸引力的呢？研究它之前，我们先要弄清楚一件物体"重量"与"质量"的分别。在全世界不同的地方，一个相同的物体重量是不相等的。举个例子来说，在纽约称来 15 千克重的东西，到格陵兰（Greenland）的弹簧秤上要多出 0.03 千克来，而到赤道上又差不多要少去 0.03 千克。产生这样的结果的原因是，地球并不是一个百分之百标准的球体，而是一个旋转着的有些偏偏的球，所以地域不同，称量出的重量也不相同。当我们把这个 15 千克的牛腿放到月球上去称重的话，拉力显示的值只有 2.5 千克，这是因为月球比地球更小更轻。不过我们要始终记得，这块肉就算是拿到了火星或者是太阳上称重，尽管在太阳上它的重量达到了惊人的 400 千克，但是它依然和在地球上是一样多的，所以，对于天文学家来说一颗行星的重量是没有意义的，它随着称量的地方的不同而不同。他们说的是一颗行星的质量，也就是行星有多少物质，不管你在什么地方称它，这个"物质的量"是不变的。

现在说回测定行星，我们已经知道，一个天体的质量可以通过它对另一个天体的引力来测定。目前有两种方法来测定行星间的引力，一是测出它对邻近行星偏离独行时的轨道的吸引力。知道了这个误差，我们就能知道吸引力的大小，从而计算出这颗行星的质量。

说到这里，读者们可能会立刻发现问题的所在，是的，想要得到这样的结果需要的数学计算非常精密而且复杂。不过如果有卫星环绕的话，就可以有更为简单的方法了，因为通过卫星运动就可以测出行星的吸引力。牛顿第一定律告诉我们，不受任何力作用的运动物体一定是保持不变的速率沿直线运动的。所以对于一个沿曲线运动的物体，一定有其他的力加在它的身上，曲线运动的方向与力的作用方向相同。举个例子，在地球上抛出一块石头，如果地球对它没有产生吸引的话，它就会沿着抛出的路线一直运动，直到完全离开地球。但是它没有，而是一面前进一面向下，直到落到地面上来，而石头的抛出速度越快，走得越远。这一点在一颗发射出去的子弹上可以看出来，因为它的前一部分曲线已经近乎成为直线了。假设我们在高山顶上水平发射一枚炮弹，炮弹按照每秒 8 千米的速度运行，在运行中，这枚炮弹如果没有受到空气阻力的影响的话，那么它的路径就会和地球表面一致，像遵从着自己的轨道运行的小卫星一样绕着地球旋转，永远也不会落到地面上来。如果真的能制造出这样的情景的话，只要知道这枚炮弹的速度，天文学家就可以算出地球的吸引力。

卫星的运动与例子中的炮弹是相似的。如果观测者处于火星上，就像我们可以根据观测周围物体的下落一样，他只要量出月球的轨道就能知道地球的吸引力（附注：事实上，卫星的运行情况只和主星的质量有关，而与卫星质量无关。具体推导如下：向心力与引力相当，即 $mv^2=GMm/r^2$，这里 M、m 分别为主星、卫星的质量，v 为卫星速率，r 为卫星轨道半径。于是，$v^2=GM/r^2$，与 m 无关）。

地球上的观测者可以根据一颗行星加在它的卫星上的吸引力来测定它的质量。这样的计算并不复杂，用行星与卫星间距离的立方除以公转周期的平方，商数与行星质量成比例。这条定则适用于宏观世界中任何由引力引起的圆周运动上，当然天文学家们更多的是把它应用在绕地球的月球运动和绕太阳的行星运动。我们把地球到太阳的距离 1.5 亿千米的立方除以一年的天数 365.25 的平方得到的商数叫作太阳商数。把月球到地球距离的立方除以月球公转周期的平方得到的商数叫作地球商数。太阳商数约比地球商数大出 33 万倍。因此我们知道，太阳质量比地球质量大 33 万倍——竟然要这么多地球才能造成一个太阳那么重的物体！

举这样的例子仅仅是为了让读者对这个原理印象更加深刻，但是绝对不代表天文学家们的工作就是如此简单。就拿计算地球和月球之间的吸引力来说，因为月球的距离并不是恒定不变的，而是受到太阳吸引的影响，所以天文学家找出地球吸引力时实际使用的方法是观测在不同纬度上周期为一秒的钟摆的长短，再通过精密的数学方法，最后才能精确地发现离地球某特定远近的小卫星的旋转周期，然后再算出地球商数。

想要找出行星的商数，必须依靠它的卫星，幸运的是其他卫星的运动受太阳吸引的改变比月球小得多。我们通过这些方法计算出了火星商数，太阳商数是它的 3085000 倍，也就是说需要 3085000 个火星才能抵得上一个太阳。现在我们已经知道太阳的质量是木星的 1047 倍，是土星的 3500 倍，天王星的22700 倍，海王星的 19400 倍。

对于一个天文学家来说，他解决问题的大原则就是遵从万有引力定律。经过 300 多年的数学推演，这条定律已经发展到一个比较先进的境况。对于现代科学家来说，他们的幸运在于他们拥有了计算机这样威力巨大的工具。科学家们的工作因为现代计算机技术的发展而简便明快了许多，他们只需要事先将规则编制好，然后再把观测到的精密数据输入到计算机里就可以得到从前的科学家们通过手动计算而得到的庞大计算数据了。不过计算机能做的事情还是有限的，一个真正伟大的发现，依靠的还是科学家的敏锐直觉和辛劳的工作。

第五章

彗星与流星

第一节　彗星

在人类历史的很长一段时间内，彗星这种类型的天体总是戴着一层神秘的面纱；也正因为它的深不可测，人们一探究竟的好奇心就愈加浓厚。在地球的附近，更精准地来说，应该是在太阳的附近，有一颗彗星，我们可以很清晰地观测到，它由三部分构成。奇妙的是，这三部分并没有明确的界限划分，反而是互相关联，统为一体。然而，彗星与其他的天体有所不同，它的形状比较特别，轨道的离心率特别大，出现的频率也是相当的低。

第一个呈现在我们眼中的是彗星的核，貌似星状。

彗星的头部由核与发构成，那么，什么是发呢？彗发（coma）是围绕在核的周围呈现出云状的模糊不清的一团貌似雾的东西，它一直清清淡淡地向天边漫舞，没有尽头。彗星的头部，看上去，像是一颗星星弥漫在雾中，若隐若现，闪闪发亮。

彗星由尾部开始延伸，这尾部长短不一，各式各样。小彗星的尾巴可以小到极致，大彗星大到可以与整个苍穹比拟。其实，彗星的整体发光的形状又接近扇形，越靠近头部的地方越狭窄，也越加明亮；反之，光芒逐渐暗淡且弥散。直到尾部，好似与天连接，合成一起，肉眼是无法找到边界的。

亮的彗星非常绚丽，但多数是我们肉眼不能观测到的。即便是将这种情况忽略不计，彗星彼此的亮度也依然是存在巨大的区别的。当十分暗淡的时候，有的小彗星甚至是没有可以观看到的尾部；而当呈现在我们眼前的是那种轻轻薄薄、云里雾里的形态时，彗星基本是没有核的，只是在中间的部分隐约有一些光亮。

从过去将近 100 年的历史中可以得出，我们肉眼能够观看到的彗星是 20 ~ 30 颗。但随着科技的发展，人们的不懈努力，利用望远镜可以观测到大量的彗星。当几位观测者同时发现一颗彗星时，该如何定义彗星的发现者呢？只有第一个告知天文台彗星准确位置的人，才算是这颗彗星的真正发现人。

彗星的出现并没有什么规律，即便是周期彗星，时间上也很长，所以，彗星的命名就有了一个规定。被发现的彗星名字要采用第一个发现它的人的名字，与此同时，还要在名字的前面加上公历的年份，并且，要在同年所发现的所有彗星的先后顺序加上英文字母 a、b、c……当然，还有一种情况，就是发现者只利用自己的名字来给彗星命名。

彗星的轨道

　　望远镜问世不久，人们就发现了彗星与行星的相似之处，它们围绕着太阳这个轨道运行。与此同时，牛顿也证明彗星和行星一样，都被太阳的引力所驱使。而区别却在于，行星以椭圆形的轨道环行太阳，但彗星则不同，轨道延展的远日点也多数无法测定。针对彗星轨道性质及运行定律，我们会在下面做出详尽的阐述。

　　著名物理学家牛顿，证明了太阳引力作用影响下的所有运动的物体，都可以并永远能画出圆锥曲线。而这种曲线分为三种：第一种是椭圆。众所周知，椭圆是首尾连接的曲线。第二种和第三种分别是抛物线和双曲线。它们与椭圆不同，并非首尾衔接，而是向远处延伸；但抛物线的两个分支的延伸方向是相同的，而双曲线则是相背而驰（图 55）。

图 55　彗星的抛物线轨道

（附注：公元前 4 世纪，希腊数学家密勒克姆率先提出圆锥曲线的概念。平面与圆锥任意相交可得出三条曲线。第一条，椭圆：移动的平面不平行于任意一条圆锥的曲线所形成的截线；第二条，抛物线：移动的平面平行于圆锥的一条母线所形成的截线；第三条，双曲线：平面穿越两个腔而形成的截线。）

了解这三种曲线的概念后，我们进行一个思维式的试验。做一个假设，我们正处于并被固定在地球轨道上的某一点，开枪发射子弹，使子弹与小行星相同，都环绕太阳运行。那么，会有三种情况：第一种，不管我们的发射方向如何，所有的子弹，只要是每秒速度小于 29.8 千米（低于地球运动速度），那么，它们的运行路线都要比地球的轨道小，且环绕太阳，朝着自身的方向返程。第二种，发出的所有子弹，其速度与地球运行速度相同，运行周期都是一年，并且都会同时聚集在它们的出发点。这是一个神奇的定律，只要速度相同，轨道的周期也相同。第三种，当速度大于每秒 29.8 千米时，运行轨道就会大于地球，从而速度就更快，公转周期也就变得更长。还有一种情况是，无论我们向哪个方向发射子弹，只要它的每秒速度超出 41.8 千米，那么，就超出了太阳引力的控制，且顺着双曲线的一边永远不可逆转地运行下去。由此可见，只要存在距离的远近，就会有速度的限制，超出速度限制，便不受控制，从而脱离太阳，永不复返；但只要在这个限制内，那就依然受太阳引力的影响，最终被引力拽回来。

它与太阳距离的平方根是成反比例关系的，也就是说，越靠近太阳，所受的速度限制就越大。当与太阳的距离达到 4 倍时，它就是原来的二分之一。关于空间中任意一点的速度限制定律是比较容易发现的，用行星的圆形轨道中经过这点的速度乘以 1.414（2 的平方根）。

由上述定律可知，想要测算彗星远日点的距离和返程周期，首先就要观测出彗星在经过其轨道中一个已知点的速度。在我们能够观测到的这个彗星期间，将数据详尽地整理分析，那么针对这个问题，就能得出更精确的答案。

其实，长久以来，人们都没有发现有哪颗彗星的速度超出了上面我们所讨论的限制速度。我们应该着重关注的是，在一些观测当中，超出太阳引力所允许的范围的确存在，然而，这超出的部分其实都在我们观测的可允许误差当中。多数的速度都与限制速度十分靠近，那么，如此巨大差距的结果，就难以让我们判定其所属范围了。毫无疑问，彗星就运行于太阳边界，直至千秋数载，方可归来。有一种周期彗星（periodic comets），我们是这样解释的，因为它的速度远远小于限制速度，那么，公转周期就会很短。

依据相关的信息，关于彗星的运动历程，多数都可划分为这一类。在太阳系的周围，挥发性元素聚集在一起，形成彗星；它就好比是一个天文时间的存放器，所有关于太阳星云的早期信息，它都会完好地保存着。假如彗星像飞蛾扑火一样朝太阳奔去，那么它就一定会陷入太阳里，但由于彗星与太阳的距离和速度是正比例关系，也就是说离得越近，速度就会越快，在更大的轨道上环绕着中央旋转，因此产生的离心力会使它飞开，那么，返程的方向与飞来的方向就基本一致。这也就解释了为什么到现在为止都没有彗星冲进太阳的实例，并且也永远不会有。

对于彗星的周期很难测算，特别是那些速度极快、周期极长的彗星。因为，彗星本身是暗淡没有光亮的，想要利用望远镜观测到它，就只能是当它正处于轨道中，但也仅仅能观测到接近太阳的那一部分。

哈雷彗星

1682 年，哈雷彗星（Halley's comet）出现，并且隐隐约约存在了一个月的时间，随后才逐渐消退。它是天文史上发现的第一颗依规则周期而回归的彗星，也因此闻名遐迩。并且，聪明的哈雷不仅测算出了轨道要素，还觉察出1607 年开普勒观测到的一颗闪亮的彗星的轨道特征与此恰好吻合。

哈雷判定，实实在在的运行轨道一定是椭圆的，彗星的运行周期大概是76 年，也就是说，每隔 76 年，它就会现身一次。因为，两颗彗星刚好在同一轨道运行的概率一定为零。

聪明的哈雷根据年代推算、历史记载来证明彗星出现的周期，并且一直追溯到了 1946 年。有一个"教皇下令抵制彗星"的传说，其实说的应该就是 1946 年出现的那颗彗星，这颗彗星不仅给基督教国家带来了惊恐，而且吓坏了教皇加利斯都三世（Calixtus Ⅲ），他下令赈灾，且抵制彗星，抵扰正向欧洲发动进攻的土耳其人。不仅如此，哈雷从 1607 年往回推算的同时，在 76 年前，也就是 1531 年，同样发现了彗星出没的踪迹。

历史早期的记载不是很详尽，因此，即便有彗星出现，哈雷也无法证实是同一颗彗星（图 56）。但是，依据 1456、1531、1607、1682 这几年彗星的出现频率，就可以很容易推断出，在 1758 年时，彗星会出现在太阳身边。克莱罗（Clairaut）是法国那个时候闻名遐迩的数学家，他得出了一个结论：该彗星的出现会因为木星与土星的引力影响而延迟到 1759 年的春天。事实证明他的推算确实是正确的，慧星果然在 1759 年 3 月 12 日呈现于观测者的视野中。

图 56　1986 年的哈雷彗星

1835 年 11 月，1910 年 4 月，哈雷彗星再次路过近日点。1910 年 4 月 20 日回归时十分明亮，肉眼足以观察到，可谓景致斐然，5 月初的天亮前呈现出绚丽夺目的光芒，在经过近地点的时候，彗尾竟长达 125 度～150 度。令人们震撼的是 5 月 19 日这颗彗星要在地球和太阳之间路过，21 日，它的彗尾会与地球擦肩而过。也正因为如此，人们十分担忧地球上的生物会因此而灭亡，毕竟它与地球的距离仅仅 2500 万千米。但是，地球没有发生任何变化，原因在于彗星的尾部是十分单薄稀少的。大概是在 7 月，彗星逐渐地消失在人们的视线外。哈雷彗星在 1986 年再一次回归近日点。相信，在 2061 年哈雷彗星回归时会像以往一样再一次呈现给观测者盛大的视觉盛宴。

"失踪"的彗星

法国著名天文学家勒格泽尔（Lexell）在 1770 年 6 月发现了一颗彗星，这颗彗星不仅奇特而且很快就可以被观测者的肉眼观察到。这颗神奇的彗星运行在一个椭圆轨道中，周期大概是 6 年，人们对于它的再次出现是十分笃定的，但在 6 年后回归时却没有看见它的身影。其原因在于，回归之时，它在太阳的另一侧，人们是无法观测到的。当它再次公转的时候，不得不与木星擦肩而过，木星强大的吸引力迫使它更改了路线，如此一来，人们又怎会观测到它呢？而这也是在勒格泽尔发现它之前都不曾被人们观测到的原因。也就是说，这具有强大力量的行星 1767 年在这颗彗星路过自己身边时，强劲地将它拽过来，绕着太阳飞行了两周；等到 1779 年，再一次与彗星邂逅时，又利用它巨大的力量将它推到了不知哪里去了。自此，有二三十颗彗星的周期都是明朗清晰的，但也仅是见了它们几面而已。

彗星不是永恒的，会解体，也会灭亡。比拉彗星（Biela's comet）就是完全解体的实例（图 57）。1772 年，人们第一次观测到比拉彗星，但是不是周期彗星，人们并不清楚。1805 年，人们再次观测到这颗彗星，但依然不知道它就是 1772 年的比拉彗星，直到 1826 年，这颗彗星又一次呈现在观测者的视野中。伴随着观测技术和测算技术的进步，人们才得以确定这与 1805 年和 1772 年的彗星是同一颗。那么就可以肯定它的公转周期时间为 6.67 年，1832年、1839 年会回归近日点。但十分不巧的是，这两次出现，地球都不占据观测的位置。终于，1845 年的 1 月至 12 月，人们终于一睹芳容。但是，第二年的 1 月，人们发现它接近太阳和地球时，已经解体为两个部分了。并且最初较小的一半十分暗淡，不久后，光亮才逐步向另一半靠近。

1852 年 9 月，我们最后一次观测到比拉彗星，1846 年两个分离的部分相隔 32 万千米，而这一次距离更远了，远远超出 160 万千米。关于比拉彗星回归的位置，我们可以根据前几次的回归，很精确地计算出来，但在此之后，尽管它还有七八次回归，人们却再也没有观测到它。那么，我们便由此得出一个结论，就是比拉彗星彻底地解体了。关于它的构成物质，我们在下一章再进行简单的研讨和解释。

其实，还有几颗彗星和比拉彗星的情形相似，人们都只是观测到它一两次，观测到的也是一次比一次暗淡，最后彻底消失。

图 57　比拉彗星

恩克彗星

1786 年，恩克彗星（Encke's comet）第一次被人们发现。人们发现彗星，不等于马上就可以测算出彗星的轨道，而恩克彗星就是如此。德国天文学家恩克是第一个准确地测算出恩克彗星运动的人，恩克彗星的名字也由此而来。同时，恩克彗星也是在周期彗星中被观测的频率最高、规律最强的一颗彗星。1795 年，卡罗琳·赫歇耳女士（Miss Caroline Herschel）发现了恩克彗星的第二次回归。1805年、1818年又出现在观测者的视野中。直到1818年，人们才测定了它的准确轨道，进而根据计算得出了它的周期。与之前的观测时间对比，也恰好吻合。

直到此时，恩克才准确地测算出它的周期大概是3年零110天，但会受到一些行星的引力的影响，尤其是木星的影响，周期会稍有变动。在这之后，恩克彗星的每次回归基本都有可以观测到的位置。

恩克彗星有一个与众不同的特点，它的运行轨道在若干年内不断地缩减，最后与太阳的平均距离竟缩减到40多万千米。远日距离如此之近，再加上它的发尾几乎没有了，那么，就不难推断，这颗彗星的岁数应该有几千年了，俨然是一位暮年的老者。

1984年4月，恩克彗星正在地球和金星之间，环绕着金星运行的空间探测器监测出一个重大的发现：彗星散发着大量的水蒸气，失水的速率跟之前的预估相比要高出3倍。因此，人们对于恩克彗星的寿命有了不同的揣测。一部分人认为恩克彗星命不久矣，但其他人却认为，恩克彗星并没有走到生命的尽头。尽管表面上恩克彗星的亮度在逐渐趋向暗淡，然而，它真实的亮度在100年的时间里并没有什么显著的改变。而且，在最近几次回归时都抛出了很多的物质。不仅仅如此，恩克彗星还会在每年11月20日到23日的时候制造出金牛座流星雨。

被木星影响的彗星

一颗新彗星加入了太阳系，此等不同寻常的事发生在1886至1889年间。隔年，布鲁克斯（Brooks）观测到了一颗彗星并判定了它的轨道周期为7年。但问题产生了，一颗如此明亮的彗星，怎么会没有观测到它呢？原因在于，1886年的时候，这颗彗星刚好路过木星。木星强大的引力迫使这颗彗星更改了运行轨道，此后也便沿用了新的轨道。那么，就很容易想象，那些距离木星较近的周期彗星，应该也是受木星引力影响而改变线路了。

然而，新问题就产生了：难道所有的短周期彗星都有这样的身世？答案一定是"不"。不管是哈雷彗星，还是恩克彗星，都不曾靠近任何行星，而恩克彗星即便是在轨道比原来大时也有被木星引力影响的情况。也就是说，即便是没靠近木星，木星强大的引力依然会影响到彗星的轨道。

1993 年，尤金（Eugene）、卡罗琳·苏梅克（Carolyn Shoemaker）、戴维·列维（David Levy）发现了苏梅克 – 列维 9 号彗星。不久后，便判定出它的运行轨道呈现出高度的椭圆状，不仅十分接近木星，二者的"亲吻"也是指日可待。1994 年 6 月，这历史性的碰撞终于发生了。苏梅克 – 列维 9 号彗星不仅被木星强大的引力所吸引，也终于完成了它们的亲密接触（图 58）。

根据相关数据得出，1992 年，在苏梅克 – 列维 9 号彗星经过木星时，就被木星的强大力量分裂成 21 个碎片，几百万千米的轨道沿线上分布着这些碎片。目前，对于原彗星和个别碎片的体积及质量尚不能有所判定，但可以估量的是，原彗星的直径是 2 千米到 10 千米，那些碎片当中最大的体积是 3 千米左右。

关于目击地球以外两个天体的碰撞这种大事件，还是很难遇到的。不过，就在 1994 年 6 月 16 日至 22 日期间，彗星碎片沿着木星大气层的外部喷涌而出，此次震撼人心的大事件被每一架大型基地天文望远镜、几千架小型业余望远镜及几艘宇宙飞行器包括哈勃太空望远镜和"伽利略"号所观测。几小时后，碰撞的图片便火遍了网络，ftp 和 www 站点也因为这些图片造成了网络拥堵，其火爆程度可见一斑。

图 58　1994 年哈勃太空望远镜拍到的苏梅克 - 列维 9 号彗星

彗星历史

不久之前，人们对于彗星的来历还有这样一个假设：彗星是从恒星间宽广无垠的空间中游走到太阳系的。但对于这个假设，由于到目前为止，还没有什么有力的证据来支持哪一种彗星的速度高出了界限，尽管从轨道之外来到太阳系，但它的距离也是不能达到恒星的距离那么远的，所以这种假设就不再得到人们的支持了。其实，太阳系本身也是在空间中运行的，那么，对上述论点予以肯定的同时，也对于彗星伴随着太阳系从太阳系以外的同一空间运行而来进行了肯定。

对于彗星的研究，我们可以得出一个准确的结论，就是它们都拥有一个规则的轨道，与行星的区别就在于彗星的轨道具有较大的偏心率。在数千年、数万年乃至数十万年的公转周期之中，彗星要到行星边界以外还要遥远的距离"旅行"。整个旅途中会遇到很多的问题，譬如，当它们游走到太阳附近时，恰巧遇到一颗行星，彗星很有可能会受到这颗行星的引力的影响，使速度加快，从而飞到更遥远的地方，永远不能归来；也有可能因为行星引力的影响而导致速度变慢，进而轨道随之变小。不同周期的彗星也由此而诞生，我们也可以确定一个结论：目前，人们能够观测到的彗星都是太阳系这个大家庭的一分子。当然，也存在一种极有可能的观点，这些彗星的身世，可以判定为是古代太阳从宇宙尘云，也就是暗星云中取得的。

1950 年，对于彗星的来源，荷兰著名天文学家奥特提出了一个大胆的假设，虽然这个假设受到了很多天文学家的认可，但是到目前为止，关于它的真实性，我们还没有一个准确的答案。奥特认为，所有的彗星都有一个巨大的"巢穴"，这个"巢穴"叫作星云团（Oort Cloud），它存在于太阳的周围；"巢穴"里供养着数亿个很小的固体状彗星核。奥特星云在来往的恒星的影响下，向太阳馈赠彗星。但由于目前人类所掌握的关于彗星轨道的数据资料，还没有可以证明彗星轨道来源于太阳系以外的有力证据，因此，也就证明了彗星来自星际空间的理论是站不住脚的。

耀眼的彗星

关于彗星出现的规律，其实就现在我们所了解的信息而言，是很难掌握的，因此，能够观测到十分明亮的彗星是一件非常幸运的事。1858年，意大利天文学家杜那底（Donati）发现了一颗特别明亮的彗星，该彗星以发现者的名字命名。其实，在19世纪，出现的彗星也就只有那么五六颗而已。6月2日，这颗彗星第一次出现在望远镜中，此时的它根本看不见尾部，就像天空中一块小小的白云，暗淡、轻薄。至于接下来会发生怎样的变化并没有什么预示。直到8月中旬，才发生略微的变化，它的尾部开始慢慢产生。到了9月初，它的真身逐渐地呈现在人们的肉眼中。将近一个月的时间，它并没有什么距离上的变化，夜晚都仅仅是在西天飘荡，但是却愈加明亮，且增长速度极快。10月10日，彗星的亮度达到了最高。但也是在这一天，它又以惊人的速度快速消逝，没过多久，就脱离了人们的视线，南移到地平线以下。那些彗星的忠实观测者也跟随着它的脚步南移，继续欣赏它，直到1859年3月。哈佛天文台的邦德（G.P.Bond）为这颗彗星绘制了画像，也通过肉眼和望远镜让我们拥有了这颗彗星的两幅头部的描绘。其实，这颗彗星的演变过程足以解释此类物质的变化过程了（图59）。

图 59　19 世纪的大彗星：1811 年大彗星（左上）、1843 年大彗星（右上）、1858 年

的杜那底彗星（左中）、1861 年大彗星（左下）、1882 年大彗星（右下）

人们在这颗彗星消逝在视线之前，就开始着手测算它的轨道。没用多久的时间，就基本判定了它的轨道是一个延长的椭圆，并非标准的抛物线。周期大概是 1900 年，但是也不排除 100 年的误差。那么，可以计算出上一次的出现，是在公元前 1 世纪，可惜历史上并没有关于那次出现的相关资料。而等它再次出现，那就是 38 世纪或是 39 世纪的时候了。

1843 年、1880 年、1882 年的彗星几乎都运行于同一个轨道中，其中，特别值得我们关注和回忆的是 1843 年的彗星。这颗彗星经过了日冕的外层，与太阳的距离如此之近。那时，人类社会有一个预言，1843 年会迎来世界的末日，而这颗彗星正值此预言不久的 2 月末迅速地出现在太阳的附近，并且"明目张胆"地在白天也露出了它的身影。伴随着预言的流传，人们便把彗星的出现视为不祥的预兆。

1843 年的这颗彗星出现的时间比较短，4 月就消逝在人们的视野外了。尽管发现它的轨道跟抛物线的差别不大，但是由于出现的时间很短，对于它的公转周期就很难准确地测定，只能做出一个大概的推想；而它的准确公转周期也就成了大家很想解答的问题了。但目前为止，我们只能说若干个世纪之后将再与它见面。

令人们惊讶的是，37 年后，在南半球的观测者发现了一颗彗星，与 1843 年的彗星差不多在同一个轨道里运行。彗星的长尾在地平线上显露，告诉了人们它即将出现于人们的视野里。阿根廷、好望角、澳大利亚都可以观测到它。终于，2 月 4 日，人们捕捉到了它的头部。可惜的是，北半球的人没能一睹芳容，这颗彗星顺着太阳向南而去。

人们因此而产生了疑虑：这颗彗星与 1843 年的就是同一颗吗？起初，人们将相隔一段时间出现在同一轨道内的两颗彗星设定为同一颗；但直到 1882 年，这个问题被证明并非如此。在这一年，几乎相同的轨道内出现了第三颗彗星。毋庸置疑，这并非两年前出现的那颗彗星，假设也被事实推翻。那么，也就是说，在同一轨道内出现了 3 颗彗星的奇特景观。而且不仅仅如此，1668 年、1887 年出现的彗星也在这个轨道内。

故而，人们推断这些同一轨道内不同时期出现的彗星实则为一颗大的彗星，当它接近近日点时，被太阳巨大的引力扯裂成了五个部分。1882 年 9 月，大彗星的核再一次经过近日点时，又被太阳强大的力量撕成了四部分。这四部分有将近一个世纪的距离差，周期在 660 到 960 年。当再一次回归时，四部分都已经是独立的个体，不再连接。

彗星的组成

彗星的核是由冰、气体、小部分的灰尘以及其他固体物质集合而成的，形状大小不一，有的像沙砾般大小，有的竟如天上散落的陨石那样大。当彗星的头部靠近太阳时，就会被太阳的力量改变形状，这也刚好证明了上述观点的真实性。但仍有一个问题存于人们心中，就是那些经过多次回归的彗星还能不能重新集合在一起。

将彗星进行分光，通过光谱可以很清晰地看出，它具有三道明亮的谱线，极其相似于碳氢化合物的光谱。这就说明彗星的光亮不单单是凭借太阳光的反射，其本身就是自带光芒的气体，也因此而展示出彗星组织内部的光谱。

它与大气上面的有极光可划在一个类别，大部分的情形都是依靠太阳风的作用而产生光芒，并非来源于太阳的热量。

我们因此而得出一个准确的结论：为彗星带来光亮的构成物质是极具挥发性的。彗星的尾部由烟雾大小的灰尘颗粒构成，从核中涌出的气体向外驱散。当我们利用望远镜认真观察彗星时，就可以看见彗星尾部的形成过程。首先会看到在它的头部有蒸汽出现，慢慢地向太阳飘去，然后再慢慢展开，远离太阳后形成尾部。动物会拖带这一个尾巴，这尾巴就是一个附属品，但彗星的尾部却并非如此，它更似从烟筒里涌现出的烟流一般。

彗星越靠近太阳，它所承受的热量就越大，尾部形成的速度就越快。这也就是当彗星刚刚出现时是没有尾部的，而向太阳逐步靠近时，尾部才慢慢显露的原因。由于太阳具有强大的推动作用，尾部的构成物质就会迅速地对外运动。而彗星的尾部总是朝着太阳的反方向运动的原因也由此而明了。

第二节　流星

世人皆知流星的存在，人人都喜欢它，欣赏它；更有一些诗人会运用诗词来赞美流星的美丽。流星并非颗颗都那么明亮，是存在光度上的差异的。甚至有的流星亮到仅仅一颗便足以照亮整个天空。但想要看见这种流星，真的需要足够的好运气。然而，无论是哪一种流星，想要一睹风采，恐怕也只有那些常年的夜行者能够有比较大的概率吧。

一年之中的任何时候，只要是在明朗的夜空下，我们静静地仰望天空，在一个小时的时间里，都能看到不止三颗流星。它们的出现是偶发的，数量频率都很难以捉摸，有的时候，竟多到令人惊讶。尤其是在8月10日到15日期间，不仅多，而且亮。除此之外，在1799年、1833年、1866年、1867年都出现了大量的流星。最后一次，流星多到致使非洲南方的黑人因此而产生了一个习俗，并流传下去。

流星与陨石

当地球环绕太阳旋转时会遇到许多连望远镜都无法观测到的同样环绕太阳运转的小天体，这些小天体有的小到与小石头、小沙粒差不多。当地球与这些小天体偶遇时，相对高度参差不齐，20千米、30千米、40千米，甚至是100千米以上。在巨大的摩擦力的作用下，高速度的小天体与稠密的大气碰撞，它的温度必会快速增高，致使无论多么坚固的它都会幻化成光芒挥散在大气中。而所谓的流星就是这些小天体在又高又薄的大气中燃烧的经过。这也是在19世纪后，人们才得以清晰地了解到流星的来历的原因。

越是大的坚固的流星，所产生的光芒就越耀眼，光亮持续的时间就越长；而且，有的时候即便是降落至距地面数千米后，依然不会消散。而此时，便正是人们所欣赏到的闪亮的流星。并且，由于疾驰而压缩的空气会产生震动，在流星过后的几分钟里，还会有轰隆隆的炮响声震耳欲聋（图60）。

图60　1971年10月5日坠落于巴西圣保罗州的陨石

每年的一些季节性的流星雨，是目前为止人类关于流星的最大发现。"狮子座流星雨群（leonids）"发生时间是在11月。但为什么要称它们为"狮子座流星雨群"呢？原因在于它们视运动的路径很像是从狮子星座发出的。根据相关历史数据的记载，可以推算出像这类大范围的流星雨群的降落大概是每隔一个世纪的1/3时期发生一次，至少有1300年的历史经历是这样的。而关于此类事项的记载，最古远的就是阿拉伯的相关记录：

"五九九年摩哈仑月（Moharren）末日，群星乱舞如蝗；人众俱惊，皆告于无上之神；若非神使将至，胡有此异象耶？愿祈福祉。"

1799年11月12日，洪保德（Humboldt）在安第斯山脉（Andes）观测到了这一组流星雨群。但观测者仅仅是将这次的流星雨群当作了一次美景的欣赏，并没有认真地进行研究，因此，除了对此次的详细记载以外，并没有其他的信息。

1833年再一次地出现了流星雨群。因此，天文学家奥尔伯提出流星雨的出现周期极有可能是34年。按照他的假设，1867年流星雨就会第三次出现，事实证明他的预言是对的。不仅如此，流星雨在1866年也出现了。通过对这两次流星雨的出现进行了更认真的研究，使得流星雨与彗星之间的关联浮出水面。不过，在了解它们的关系之前，要首先对流星群的辐射点的定义有所了解（图61）。

关于流星群的辐射点（radiant），我们可以这样理解：当流星雨划过天空时，把每一颗流星都在天空划过时的线路画出来，沿着这些线路向回延伸，最终它们会相交在一点，这个点就是辐射点。8月和11月都有流星雨，前者的辐射点是英仙座，后者则是狮子座。其实，辐射点完全可以理解为透视画中的没影点（vanishing point）。虽然表面上看所有的流星雨的运动线路都是从一点出发，但并不等于我们可以看见它们都会在这一点上出现，距离这一点的90度范围内，都会是它们可能出现的地方。当流星遇到大气时，它们就在平行线上运动，所以，在范围内的某一点出现时，那么其发射点就是这一点。

图61　1833年（左）和1866年（右）的狮子座流星雨

彗星的一部分

　　11 月流星雨的周期是 33 年，再加上它的辐射点的准确位置就可以测算出这些流星的轨道。1865 年 12 月，一颗彗星出现，1866 年 1 月，这颗彗星路过近日点，奥伯尔兹（Oppolzer）根据一些研究结果计算出了它的运动周期是 33 年，并发表这一推断，但遗憾的是他并没有意识到它与流星雨群之间的关联。没过多久，斯科亚巴列里却发现了奥伯尔兹彗星轨道与勒威耶流星雨群的相似之处，并开始了研究。由于二者的轨道十分邻近，所以有很多人都认为它们是同一轨道运行的。而最终的事实证明，制造出 11 月流星雨的物质紧随这颗彗星而行。加上我们前面所说的，彗星分解后的那些尚未燃尽的微小部分在没有足够的引力的情况下分散着按照原来的轨道环绕着太阳运行。那么，从中得出的结论便是，所谓的流星雨其实就是彗星的一部分，后来才逐渐地分开。

　　1862 年出现了一颗彗星，它的周期是 123 年，而 8 月的流星雨与 11 月的流星雨情况相同，它与这颗彗星的轨道一样非常靠近且十分相似。

　　1872 年的事件也同样值得关注。关于比拉彗星的消失，之前我们有所提及。11 月末时，比拉彗星的轨道会与地球轨道的一点相会。根据比拉彗星的周期，我们可以推断出，1872 年 9 月 1 日它会经过近日点，而地球经过这一点时可能是 11 月或是 12 月。那么，再根据一些其他案例的相关证据，就可以推断出 1872 年 11 月 27 日晚间流星雨会降临，而仙女星座就是其辐射点。事实证明了这个推断，流星雨果然出现，我们称之为"仙女座流星群（Andromeda meteor）"。可是 1899 年以后，这样的流星雨飘洒人间的美景却鲜少出现了。

　　按照周期，1866 年的彗星理应在 1898 年到 1900 年出现，但最终却未见身影。此次没有现身，并不意味着它已经完全消失，也极有可能是因为当它路过近日点时，地球距离得太远，根本无法观测。而这一期间本应出现的流星雨也没有预期的那么多，这也是很正常的事，因为总是会被一些行星的强大引力所吸引，迫使它们改变轨道。

并不是所有的流星进入大气中的速度都在我们之前所讨论的抛物线的限度以内的。那么，人们认为，不计其数的彗星长年累月地环绕太阳运行，一些碎片跟随其后，那些脱离组织的碎片遇上了地球，而所有的流星均由此产生的观点是存在误区的，有一部分的流星并非由此而来。那就意味着与我们系统并无丝毫关联的无限恒星之中的旅行者闯入了我们的世界。

黄道光

黄道光围绕着太阳一直延伸到地球轨道附近，差不多就在黄道平面上，它的光芒是如此温和、微弱。大概在日落后的一小时以内，在赤道上的任何一个地点，只要是晴朗的傍晚，就会看见这道柔和的光芒。但在北纬中部，不同的季节要利用不同的时间去观赏它。春季的傍晚，大概日落后的 1.5 小时内，它会准时地出现在西方或是西南方，并且直至昴星团。由于它与黄岛对称，这个时候它与地平线所构成的角度是最大的，也就是说，此时观赏黄道光是最方便的。然而在秋季，却要在太阳升起之前观看，它会由东向南延伸而去。

"对日照（counter-glow）"由德文 Gegenschein 翻译而来，是背对着太阳的一道灰暗微弱的光。由于光线非常暗弱，因此没有一个良好的条件，很难看到它。并且，它那微弱的光芒还会被月光、银河的光芒无情地吞噬。

正如上文所说，对日照会被银河的光芒吞噬，所以，在每年的 6 月和 12 月，对日照恰好经过银河，我们是不能观看到它的。当然，这也不意味着其他时间都可以看到它，每年的 1 月和 7 月上旬未必看得见，而剩余的时间，要等到太阳落下地平线，且天空晴朗无月的情形下，观测者寻找一个正背对着太阳的方位才能一睹芳容。即便是这样，依然无法辨别轮廓，仅仅是一道暗暗的光影。

黄道光的性质或许跟流星差不多，都是一些不断环绕太阳的尘埃微粒，依靠太阳反射光芒。那么对日照就可依据相同的理论解释。不仅如此，在太阳的对面，流星类物质也因力学原因而聚集在一起。

第六章

恒　星

第一节 星座

图 62　弗雷德里克·德·威特于 1670 年绘制的星座图

　　对于具有强烈的求知欲的人类来说，既然已经完成了对所居住的空间的探索和考察，就会不可避免地把视线投向被灿烂的群星所充满的神秘空间。

　　在一整天的时间里用肉眼可以看见的恒星数大约为 5000 个。但是这并不意味着我们仅凭借肉眼就能完全发现它们，事实上，其中的一半是在地平线以下的，另外的四分之一也因为过于接近地平线而被城市光以及浓厚的大气层遮挡。事实上，如果排除了坏天气、月光、城市光以及太阳光的影响，我们仅凭肉眼就能看出来的星星仅仅有大约 1500 个。为了区别在望远镜下显现的数量庞大的恒星群体，人们就把用肉眼看到的星星称作"亮星（lucid stars）"。

当在晴朗的夜晚仰望星空的时候，也许会觉得它们与我们的距离似乎都是相等的，然而事实并非如此。有人把地球以外的空间想象成一个巨大的圆球，那么可以认为星星是被镶嵌在圆球内部表面上的。因为地球外的这个圆球一直绕着某一条偏斜的轴旋转而使得地球人的视觉里的星辰都是东升西落的。不过，这也有例外。如果观测者是处于北纬中部的话，在他的视野里环绕着北极圈的星星就未遵循这个法则，而是像之前说的那样永不沉没，而这个圈就被叫作恒显圈；与之完全相反的是一圈环绕南极的星星，它们恰恰是永不上升。这个大圆球向西旋转一周被定为一个恒星日，所以它旋转一度用时不到4分钟。

我们认为地球外的空间以及星体向西旋转的原因是地球向东绕轴旋转，地球自转的同时还会围着太阳公转，因此在地球人的感官里，太阳由西向东缓慢地在众星中穿梭，这就是前面讲过的地球自转的结果。太阳的这种移动每天大约会走出1°，绕黄道面一周则需要一年的时间。

以恒星为参照，地球自转一圈就是恒星日的一天，而如果以向东移动的太阳作为参照，地球自转的一圈就被称为太阳日的一天，其中相差大约4分钟。受此影响，每晚的星星都比第二天的晚起了4分钟，在一个小时中也有1°的偏差。日复一日的交错之后，便会发现所有的星辰都会在夜空中出现。

不过星辰在天空中的分布并不均匀，它们中的一些聚在一起，组成了一些奇特的形状而让人印象深刻。与我们一样热衷于研究显著星群的古人发现在很长一段时间里这些星辰的分布几乎没有变化，于是就为那些特点显著的星群命名，这就是最早的星座（图62）。

图 63　北斗七星

尽管几经修改和补充，但是我们必须承认现在所说的星座学最早是从美索不达米亚（Mesopotamia）的居民那里流传下来的，而后美索不达米亚的居民又把它传播到了古希腊。出生于公元前 873 年的古希腊盲诗人荷马（Homer）就在他的作品中提到了大熊座、猎户座以及一些经典的星空形象。在公元前 270 年马其顿（Macedonia）的宫廷诗人亚拉图斯（Aratus）所作的《Phenomena》中可以找到关于大约 50 个古代星座最早也最完全的描写。在这部书中，星座和一些人们耳熟能详的故事发生了关联，星座的命名也都是取自神话中英雄和鸟兽的名字。在现代人承认的 88 座星座中，在北纬中部地区是看不见环绕南极的 18 座的，而另外的星座填补了古代星座之间的空白区域以及完善了古希腊人看不见的南极附近的星座。

关于星座的命名，天文学家仍然沿袭了星座的拉丁旧名字，不过却不再使用之前的英雄和鸟兽形象。就像我们共同协商划定了国界一样，我们在天上也人为地为不同的星群划分了区域。人们规定星座的疆域必须与天球赤道平行或垂直。当某一颗星处于这一星座的疆域内的时候，就说它是属于这一星座的。因此太阳、月球或者是行星经常是处在不同的星座中的。

古巴比伦人创造了"天球"的概念，他们把天空想象成一个大球，在球的表面分布着星体。那时的人把太阳在"天球"上运动的轨迹称为"黄道"，黄道带则是黄道两侧各 9° 的区域。由于太阳、月球和行星都在黄道的附近，因此便把黄道带和黄道带上的十二星座联系在一起。分布在黄道带上的十二星座分别是白羊（Aries）、金牛（Taurus）、双子（Gemini）、巨蟹（Cancer）、狮子（Leo）、室女（Virgo）、天秤（Libra）、天蝎（Scorpio）、人马（Sagittarius）、摩羯（Capricornus）、宝瓶（Aquarius）、双鱼（Pisces）。将黄道带平均分成 12 个区域就是黄道十二宫，自春分点向西算起，每一宫的名称与所在星座相同。不过由于现在的春分点已经和 2000 年前的不同（就是之前所说的岁差），黄道十二宫向西移动了，因此现在的十二宫的命名已经不与同名的十二星座相吻合了。

在这一章中，读者们将与我们一起认识北纬中部一年之间可以见到的主要星座。这些星座的大部分都是由不同的星星联合成如正方形、十字形、勺子形（图 63）等特殊形状，只要看着星图稍加解说就很容易被认出来。在一年中的每个季度都有属于它的独特星座，星座就是有这样让人入迷的魅力，一个人只要开始认知星座就会忍不住一直研究下去，直到观察到一年之中所有的星座的东升西落。

为了研究的方便，我们将天上的可见区域分为五个区域。首先说的是北天星座，它环绕天极永远都不会落下，因而在北纬中部常年可以见到它。而其他四个区的星座大部分都会经过天顶的南侧，并且遵循东升西落的规则。为了避免混淆，同时也免去寻找星座疆界的麻烦，我们会主要画出星图中比较亮的星星，而且只划定在各个季节中晚上 9 时经过子午圈的星座。

北天星座

本书第一章图 2 中所画的就是北天星座，正中心的就是天球北极，环绕在它周围的星辰每 23 小时 56 分钟就会沿着逆时针的方向旋转一周。如果想要通过星图观察天空在晚上 9 时的星象，可以把本月份转到星图的顶上。

我们耳熟能详的要数由 7 颗亮星组成的勺子形，它们所属的星座就是大熊座（Ursa Major）。除了秋季的时候离地平线过近可能看不到它，其他的时候，它都静静地悬挂在苍穹之上，为我们指引着方向。通常我们说的看见北斗星就知道了方向就是指北极星（Polaris）。由于北极星在星图的中心，与极相距在1°以内，因此成了北天极的标志星。北斗七星组成的勺子顶端的两颗星所成直线指向北极星，因而被称为"指极星（Pointers）"。

北极星处在勺柄末端，属于小熊座（Ursa Minor）。因为只有勺边的两颗星较为明亮，而它们又总是围绕着极不停地旋转，所以被称为极的守卫。

在没有指极星指引的时候，想要找到北极星的话，就可以望向北边的天空，观测地点的纬度正是它与地平的度数。也就是说，如果你在一个地方发现北极星处在天顶与地平正中间的话，那么那里一定是北纬45°。

以北天极为中心点，和大熊座方向相反、距离相近的地方也有一个星座，它就是仙后座（Cassiopeia）。仙后宝座的形象是由组成字母 W 或 M 的 5 颗亮星以及另外两颗暗一些的星星勾勒出来的，不过如此弯曲的宝座靠背怕是不会舒服吧。

有着教堂尖顶模样的仙王座（Cepheus）处于仙后座的后方，在它的前面是天龙座（Draco）的 V 字形的头部，围绕着北天黄极的天龙座大约在北天极和大熊座之间，由于组成龙躯的都是一些较暗的星，因此只能通过星图按图索骥。在北极星到龙头 2/3 的地方并没有亮星，此处被称为黄极，天极在地球自转的岁差影响下以此为中心缓慢地画下了大圆。

认识了北天的五大星座之后，我们把目光投向南方，假设我们是在秋季，那么我们会观测到哪些星座呢？

秋季星座

图 64 所示的星座闪耀在秋季的南天上。垂直地观察星图，月份下方的星群在每一个月份晚间 9 时经过子午圈，顺序地靠近上方的天顶到下方的南方地平。

在秋季的天空有一个非常容易辨识的大正方形，它就是飞马座（Pegasus）。初秋的时候，它在正东方出现，然后一直向西方移动，到达南天最高处是在 11 月 1 日前后晚 9 时。这个由 4 颗 2 等星组成的大正方形每一个边大约15°。仙女座（Andmmeda）的大星云位于飞马座的正方形东北角的东北方。后文我们将会讲到这个远在银河以外的最明亮的旋涡星系，如果用肉眼观察，这片星云呈雾状，宛若一条长长的光斑。有人认为勺子的斗是飞马座的大正方形，勺子把柄则是位于东北方的仙女座的亮星，而英仙座（Perseus）的星则是位于勺子把柄尾端，银河中呈箭头状的英仙座与仙后座之间间杂着一块云状光斑，借助一定简易的手段，比如用望远镜就可以轻易地发现它是两个星团组成的，这就是人们说的英仙座双星团。食变星的代表变星大陵五（Algol）位于箭的西边，在一排3颗星中央最亮的一颗就是它了。

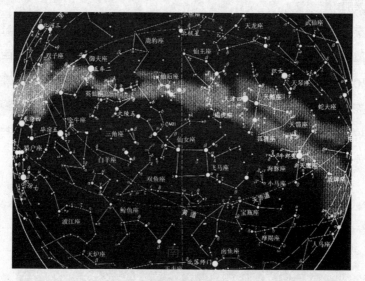

图64　秋季星座

有黄道三星座处在我们正在研究的区域内，它们分别是宝瓶座、双鱼座、白羊座。3月21日，太阳大约出现在飞马座正方形的东边线延长一倍的地方，这里就是黄道赤道相交处的春分点。春分点在2000年前处于东北方的扁三角白羊座内。

以其红色双星蒭藁增二（Mira）著名的大星座鲸鱼座在双鱼座的北方，虽然一年里只有一两个月我们有机会见到这肉眼难以观察到的星，但是并不影响人们对它的关注。在秋季星座中，只有南鱼座（Piscis Austrinus）中的北落师门（Fomalhaut）是一颗 1 等星，每年 10 月中旬晚 9 时的时候，它就会经过子午圈。关于秋季星座，大概就是这些了。

冬季星座

图 65 所示的璀璨星空是来自冬季的星座。与冬季里日光的惨淡形成鲜明对比的是冬季长夜里亮星所闪耀出的瑰丽色彩，它们为凄清的夜晚增添了一份独特的美丽。

冬季的夜空中最为耀眼的是猎户座（Orion），直立于南方的 4 星长方形，呈红色位于上方东角的巨星参宿四（Betelgeuse），呈蓝色位于下方西角的参宿七（Rigel）。有 3 颗亮星横在长方形的中部，宛如英雄的腰带，而下面的 3 颗暗星被想象成了他的佩刀。不过与肉眼所见不同的是，这中央的一颗暗星其实是一片属于猎户座的大星云。如果用望远镜观察它，你会发现它无与伦比的壮观与美丽。

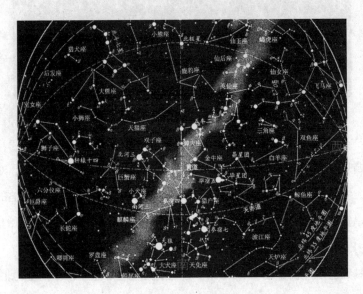

图 65 冬季星座

全天最亮的恒星要数大犬星座（Canis Major）的 Sirius（天狼），顺着猎户的腰带往南方看，你就可以轻松地找到它。往猎户座的东方看，有一颗在小犬座（Canis Minor）中的 1 等星南河三（Procyon），它与天狼及参宿四共同组成了一个等边三角形。

V 形的毕宿星团（Hyades）位于猎户腰带的上方，与"七姊妹"昴星团（Pleiades）为邻。毕宿星团与"七姊妹"昴星团都是我们以后要讲的疏散星团的典型例子。金牛座的头部上有着毕宿星团，牛眼是红色亮星毕宿五（Aldebaran），东边的牛角尖由两颗亮星组成。御夫座（Auriga）在牛角尖的上方，其中闪耀着黄光的是北半天球 3 颗最亮的星之一——五车二（Capella）。

在这一区域的黄道三星座为金牛座、双子座、巨蟹座，这里的黄道是最北的一部分。

在长方形的双子座东边有两颗亮星，分别是北河二（Castor）和北河三（Pollux）。在本座中还有 1930 年发现的冥王星。北回归线的代表巨蟹座并不是非常明亮，在本座中用望远镜可以看到一个像云斑的疏散星团，即 Praesepe 星团（鬼宿星团）。

银河的一部分也被冬季星座收入其中，虽然冬季的星座没有我们夏天见到的那样星光璀璨，但是我们一样不能否认，它为我们的夜空带来了美丽和生机。

春季星座

在冬季星座逐渐下沉，消失在地平线下的时候，以狮子座为首的春季星群出现在人们的视线中（图 66）。由于出现在傍晚东天的狮子座出现之后，春天的脚步随之来临，因此有一些少数民族就把它看成是春天的使者。到了 4 月中旬晚上 9 时的时候，南面天空就会被狮子座占据。

狮子座最显著的就是由 7 颗星组成的镰刀形，镰刀把上是七颗星中最明亮的一颗星轩辕十四（Regulus）。在这片星海之中有一个直角三角形，位于镰刀的东侧，它最东面的星星就是五帝座一（Denebola）。人们就是依照着这些基础形象创造出了狮子座的大体形象。

图 66　春季星座

　　后发座（Coma Berenices）及猎犬座（Canes Venatici）位于五帝座一与大熊座勺子柄末端的直线上，不过，这两个星座并不显眼，很容易被人忽略。只有后发座的一个星团中的部分星星可以通过肉眼看到。不过对于有大望远镜的观测者来说，这一部分天空却是神秘而迷人的，因为这里到处都是旋涡星云以及外星系遥远的系统。

　　在夏季的南天有着最长的星座长蛇座（Hydra），这一条不规则的星线从巨蟹座南开始，一直延伸到天蝎座的边缘。在长蛇座中部附近像一只杯子一样的是巨爵座（Crater）；而四边形则是乌鸦座（Corvus）。

把视线转到北天，在夏季里的大熊星座的勺形倒转过来，并且比北极高。如果沿着勺柄的延长线向南就会看到牧夫座（Bootes）中的大角星（Arcturus），那是一颗闪耀着橙色光芒的亮星；如果继续沿着曲线延长下去，差不多同样的距离就会看到一颗相对暗淡的蓝色亮星，它就是室女座中的角宿一（Spica）。如果把牧夫座比拟成一个风筝，那么它在系尾巴的地方正是大角。

尽管室女座中的星星并没有组成一个让人印象深刻的典型图形，但是这并不妨碍它在黄道星座中处于偏大的群体中。由角宿一、五帝座一和大角星为顶点组成了一个等边三角形。在角宿一到轩辕十四这一条线，几乎包括了黄道在本区天空上的全部，大概在它 2/5 的地方就是秋分点，9 月 23 日太阳将会在天球的这一点上经过。

夏季星座

在四个季节中，夏季的星座最为神秘和变幻莫测（图 67）。由一群星组成半圆形的就是北冕座（Corona Borealis），它紧紧靠在牧夫座的东面，半圆形的缺口正对着北方，像一只振翅欲飞的蝴蝶，这是北冕座以东的武仙座（Hercules）的一部分。如果用望远镜观察就会发现这片在肉眼中是球状星团的星空尤为壮观，这是北纬中能见到的这类东西中最为壮观的一种———一个恒星组成的大球。这就是著名的"太阳向点（Solar apex）"。如果把目光放开，大到全星系的话，你就会发现，太阳系的全部都朝着这一点运动。

天琴座（Lyra）位于武仙座的东侧，蓝色亮星织女一（Vega）便是属于这个星座。继续把视线东移就会看见一个中轴顺着银河的北方大十字形，亮星天津四（Deneb）在十字形顶端闪耀着光芒，它就是天鹅座（Cygnus）。

我们顺着平行分为两个支流的银河向南看，将会发现天箭座（Sagitta）和海豚座（Delphinus）。经过这两个小型星座之后就是一个较大的星座——天鹰座（Aquila）。在天鹰座中最明亮的就是著名的牛郎星，也叫星河鼓二

（Altair），另外两颗被想象成它的孩子的较暗的星与牛郎星排成一条直线。在此时一直都呈明亮状态的银河西直流渐渐转暗，甚至失去了踪迹，直到南方才再次出现在人们的眼前。与之不同的是，东支流不再暗淡，在人马座的许多大的星云就是由此形成的。6颗星组成倒转的勺子形状是这一黄道星座的特色。

图67　夏季星座

在人马座的西面的黄道星座是夏季星座中极为动人的存在，它就是在7月晚9时经过子午圈的天蝎座。在天蝎座中，有目前已知的最大恒星星心宿二（Antares），这颗真正红色的星极为明亮，比太阳的直径还要大上超过400倍。巨蛇座（Serpens）和蛇夫座（Ophiuehus）在南部低空的天蝎座与此时接近天顶的北冕座之间，填补了这两个星座的空白。

认识这些著名的星座不仅简单而且有趣。当我们在晴朗的晚上仰望天空的时候就会发现，原本杂乱无章的星辰变得熟悉而有规律起来。此时的星辰更替变换将会变得生动起来，这是没有认识星座之前完全难以想象的事情。

第二节　恒星到底是什么

　　尽管人类在大多数时间里都只是把星星作为夜空里的装饰，但是也并不是所有的人都认为这种闪烁是毫无意义的。在很早的时候，古人就发现星辰组成了一些形象显著的图形，并且这些图形会遵循着一定的规律运行。掌握了这些规律之后，就能通过星辰知道夜晚的时间以及当前所处的季候。

　　天文学就是在这样的契机下发展起来的科学，不过在此后的很多个世纪里，这些研究只是围绕着太阳、月球和明亮的行星进行。这些星体最为显著的特点就是肉眼可见并且围绕在地球周围。这些闪耀着特殊光芒的天体因为其独特的运行轨迹而被人们所注意。而那些看起来几乎完全没有移动的恒星就显得那样独特和神秘，尤为适合把它们当作位置标注的参照物，就这样，为了给那些游荡者去过的位置进行标记，就产生了最古老的星图。

　　在哥白尼的太阳是它所在的行星系统的中心的理论广为流传之后，人们才明白，原来我们神圣的太阳只是一颗因为距离地球较近而亮得多的恒星而已。这以后，其他的恒星也被人们理解为极大极热而距离遥远的太阳，在那些行星周围也许也有很多的卫星环绕。

　　基本上我们所知的太阳的所有特征类比到其他恒星上都是适用的。它们都是由非常热的气体组成的有光球、色球、日珥、日冕之类的超大球体。在它们的生命历程中不断地向天空中散发出大量的能量。不过正如人们肉眼所见，恒星也并不是完全与太阳如出一辙，它们中不仅有蓝色的也有红色的或者是像太阳一样的黄色星体。

　　事实上尽管望远镜极大地扩展了我们的眼界，但是并没有让我们更加深入地认识恒星的本性。因为即使是最大的望远镜也不能让我们把一颗恒星从一个光点展开为一个圆面。恒星自身的现象被观测到还要得益于应用了几种特殊仪器，最早应用于恒星研究也是最有效果的设备就是分光仪。

分光仪的应用

分光仪是一种被天文学中用来分析天体的光的仪器。在分光仪上有一枚或多枚棱镜，有的也会额外加一道光栅，把射进分光仪中的光分散成一条被称为"光谱（spectrum）"的颜色带，颜色带的颜色与彩虹相同。可见光谱上颜色的顺序依次是紫、靛、蓝、绿、黄、橙、红，在这些颜色中也有着依次增加或减少的级别。

想要测出一颗星的光谱需要借助两架小望远镜，把光线从第一架望远镜的肉眼观察端射入，而目镜处换成一道狭缝。在分光仪与望远镜相连之后，狭缝正好处在其目镜的焦点上。此时这架小望远镜即为平行光管（collimator），通过狭缝的光通过平行光管的透镜变得平行，这道平行光通过棱镜以后形成光谱。第二架小望远镜一般是用于摄影上的，把反射望远镜放在狭缝的一部分上，通过与已知光谱对比可以取得一如氢、铁等已知物质的光谱。只有狭缝分光仪可以做这种光谱的比较，不过这种方法也是有局限性的，那就是每一次的分析实验只能得到一颗星的光谱。

在一架望远镜的物镜前加上大的棱镜就是物端棱镜分光仪，它的优势是可以同时显示出许多星的光谱。在此时得到的照片就是通过望远镜看到的天区中星的光谱，每存在一颗星就有一段短的光谱呈现。

最早把光谱分析纳入到天文学学科中的，是制造大望远镜的先驱夫琅和费（这在前文中已介绍过）。1814年，夫琅和费第一次运用自制的分光仪来考察日光，正是这次试验让他发现有许多暗线经过光谱。与至今仍然保留的做法一样，夫琅和费把在光谱中呈现的明显的暗线用字母做标记，用这样的方法得到的黄色区中紧密相连的两条暗线就是 D 线（如图 68 所示）。

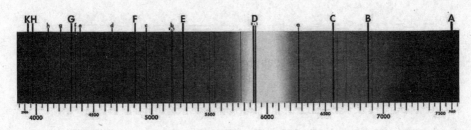

图 68 夫琅和费谱线

　　夫琅和费在 1823 年又开始研究恒星的光谱，这在人类历史上还属首次。在对于恒星光谱的研究中，他发现暗线并不是一样的，而是花样百出，星越红，那么它的暗线花样越是复杂。直到物理学家基尔霍夫（Kirchhoff）发表了他的著名定律，人们终于明白了这些暗线的意义。这个定律通俗的解释是这么说的：

　　所谓的发光气体的光谱就是在黑暗背景下显示出的多颜色线条的组合，这种组合因为此气体化学元素不同，表现出来的颜色和分布特点也各不相同。这就和通过调谐检验来识别无线电台所发出的不同波长的播音是一个道理，每一种存在于发光气体中的化学元素也都有它独特的光谱表现，通过这些不同而特有的光谱表现就可以把这些化学元素意义筛选出来。

　　在某些特殊的情况下，发光的固体、液体乃至气体，可以发出各色的光，这些连续光谱的表现形式就是白光。当我们与这个光源之间被较冷的气体填充的时候，白光中的与之发出的相等的波长就会被它吸收掉。此时通过观察联合光谱与原先的连续带交汇形成的暗线变化就可以知道被加入干涉的气体有哪些化学成分。我们之所以要研究恒星的暗线光谱，就是因为有些我们想研究的波长在穿过恒星大气与恒星光球所发出的白光的时候被吸收掉了。

多变的恒星光谱

哈佛天文台及其现已迁到非洲南部麻塞尔波尔的阿雷基帕（Arequipa）分所（原本在秘鲁）关于恒星光谱的摄影研究差不多已经进行了百年的时间，在他们的实验研究中用到的就是物端棱镜。经过这些先驱耐心而细致的研究，各天各区的 35 万颗以上的恒星光谱都被人们所了解并且细心地留存下来。如果想知道任何一颗已知星体的亮度与谱型（Spectral class），只要翻开哈佛大学天文台编纂的世界上第一个收录恒星光谱的大型星表《HD 星表》（*The Henry Draper Catalogue*）就可以清楚地知道。值得一提的是，加上在 1937—1949 年间出版的《HD 星表补编表》上记录的星体光谱，《HD 星表》上已经记录了 359083 颗恒星。

在目前已知的恒星光谱中，除了极少数的特例以外，它们的样式全部可以归纳成一个用字母 BAFGKM 所代表的样式，人们把这中间间隔的位置分为 10 个部分。目前大多数的星的光谱都遵循着这一序列中的某一部分。也就是说，当人们发现一颗恒星的光谱的线纹变化处在标准花样 BA 正中间的时候，我们就说这颗星的谱型就是 B5，这就是德拉伯分类法（Draper classification），是由哈佛天文台初创，用来表示恒星光谱的简单办法。

B 型恒星光谱最显著的是氦线。人类第一次发现这种气体是在对太阳光球的研究之中提取出来的，而到了现在，这种气体已经充满了飞船气球。猎户座腰带的三颗亮星中间的一颗就是氦星。

A 型光谱最具代表性的是氢线。这种最轻的元素氢在各个样式分类中都有。而 A 型光谱的星都为蓝色，线纹的变化是从蓝色到红色依次排列。天狼、织女就是著名的氢线光谱。

F 型星的光谱中氢线较少，相对繁多的是铁等金属线。带黄色的星如北极星及南极老人星（Canopus）多为 F 型星。

G 型星的光谱中的金属线达到数千道，黄色星太阳是它最广为人知的代表。

K 型星的光谱中金属线比太阳的还要多，其代表星体为大角星。在 K 型星末端和 M 型星的光谱中宽带褶纹和很多暗线都变得清晰可见了，尤为明显的是红星参宿四（属于猎户座）和心宿二（属于天蝎座）。

光谱序列中主要的部分就是这些了，尽管还有其他被肯定了的四种型星，但是这四种型星合起来都没有全体星星数量的百分之一。在最初的星体演变学说中认为恒星的生命史就是从蓝色星开始到红色星衰亡。也就是说一个恒星在幼年的时候是蓝色的，而像太阳这类的黄色星是处于中年阶段，红色星的未来则是越来越红，慢慢变暗，直到衰亡。不过最近有一种新的主张认为红色的星球并不全是老年阶段，还有一部分是幼年阶段的星体，这些星体在中年期也是红色的，等到衰落期又会变回红色，然后慢慢消亡。除此之外，还有一些其他关于星星的起始辉煌直至衰落的理论流派，这里就不一一赘述了。

恒星的温度

我们把星体的温度与金属物的温度相类比，一块因为热而发蓝的金属温度要高于热得发红的，因此推断红色星的大气温度要低于蓝色星。关于这方面的许多研究也表明这个推论是正确的，光谱序也代表了温度逐级降低。不过人类对于恒星光谱的研究不仅证实了光谱序与温度的关系，各光谱型恒星温度的值也被人们所掌握。到目前为止，恒星所发的热量也被人类所知悉。

通过对《太阳》一章的学习我们知道，关于太阳温度的测量是通过观测日光下水温上升而计算出来的。当然，这样的办法并不适合离我们更加遥远的恒星。关于怎样测量恒星的温度，帕第特（Pettit）与尼科尔森（Nicholson）想出一个办法。他们将一颗恒星的光通过威尔逊山的 2.5 米望远镜聚集在非常微小的热电偶（thermocouple）上，然后通过电流计（galvanometer）的偏转而收集这颗星的热效应。他们的这个办法能测量出小于肉眼可见程度暗数百倍的星体的热量，也就是说这些星的温度都被人类所掌握了。这种方法也适用于关于行星或者是月球表面各处的温度。

事实上，星体的温度是极高的，就算是最冷的恒星，对于人类来讲，温度也是极高的。最红的星表面温度要低于黄色或者蓝色的星，在2000℃左右；而黄色星的表面温度居中，却也达到了惊人的6000℃左右；最为炎热的蓝色星的表面温度高达10000℃到20000℃，甚至更高。

光球中心的温度最高，可能会达到千百万摄氏度，而越往星球表面，温度逐渐降低。关于恒星发光的原因，天文学上的看法还是比较一致的，人们认为其是因为中心的热核反应而具有巨大的光能，在热核反应中，氢反应生成氦，然后变为碳、氮、氧……直到慢慢变为铁。

巨星与白矮星

恒星的光度（Luminosity）即实际亮度，也就是"发光本领"，是千差万别的。如果我们在距离这些星球相等长度的点上观察太阳以及其他的恒星就会发现，它们的亮度从不足太阳的万分之一到超出太阳万倍甚至更多。为了统一标准更好地描述恒星的亮度，天文学家都是观测恒星在某一特定距离所发出的光。关于恒星距离的测定，我们下一章会有介绍。

我们把方格纸上的某一点认为是某一确定位置上亮度已知、谱型已知的恒星，图69表示的就是它的"光谱光度简图"。从左往右的水平线表示的是蓝色星到红色星的不同谱型；而垂直方向表示的是以太阳亮度为单位的实际亮度，上高下低，逐渐递减。

在此图中有一条从左上方到右下方的分斜线，包括太阳在内的大部分恒星都傍在这条线的附近，这就是"主星序（main sequence）"。沿着斜线向左的星星逐渐变暖，颜色也从暗红到红再到黄蓝。

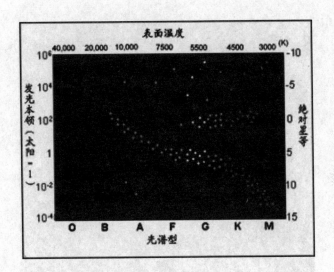

图 69　光谱——发光本领图解

　　亮度超过太阳百倍上下的即为"巨星（giant stars）"，而超过太阳发光本领数千倍的就是"超巨星（supergiants）"，它们分别位于主星序之上两个群点之内。以考察红色 M 型星为例，如果它们的颜色和表面温度相同，那么它们每平方米的表面亮度也必然相同。也就是说，只要属于这一型星，那么它们中的任何一颗一平方米的表面亮度都是相同的。同型的巨星和超巨星比普通的主序星明亮很多倍，这就说明它们要比普通的主序星大上若干倍，它们的亮度并不是说明它们的发光本领更强，而是因为它们更大而已。

　　图中分散在线的左下角的群点就是"白矮星（white dwarf stars）"。最广为人知的就是暗弱的天狼星的伴星（图 70）。这些白矮星比平常的白色暗星暗千倍以上。不过虽然比主序星中红色星小，但是白矮星并不比它们暗，因为每一平方米的红色星要暗于相同大小的白色星（尽管白矮星已经是星体中的"小人"了，但是它还是要比中子星大得多。恒星晚期在演化中变成了中子星，是宇宙中被人类所知道的密度最大的物质）。

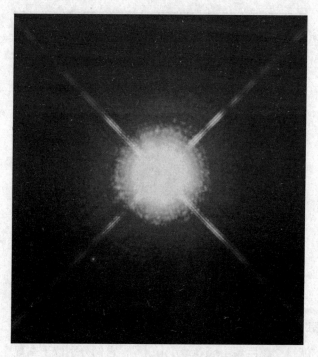

图 70　哈勃太空望远镜拍摄的天狼星 A 和天狼星 B（左下方的伴星天狼 B 为白矮星）

恒星的称量

和称量行星的方法大致相同，我们对于恒星的称量也是利用它给邻近物体的吸引力而计算得出的。前文中我们提到过，要完成行星的精确测量是非常困难的。不过如果有了卫星，这个问题就迎刃而解了，事实上，如果想知道一颗单独的恒星的质量要更加艰难，这是因为恒星的空间过大，我们很难测定出一颗恒星对另外一颗星的引力效果。

人们为了得到恒星的质量做出了很多的努力，甚至用望远镜找到数千对的星（即双星），这些星很多都是相互围绕旋转的。人们又通过分光仪找到更多距离更近的双星。在一个特定的距离上，公转周期是和两星合并的质量成反比的，周期越短，质量越大。在测量出公转周期和平均分离距离之后，合并的质量是很容易被计算出来的，有时候甚至还可以测出双星中一颗星的质量。

通过这些研究，人们发现恒星的质量几乎是平衡点，从太阳质量的 1/5 到 5 倍不等。在这些星球中，太阳处在二流以上的位置，而其他的组成宇宙的星体也都是大致相等的。如果从这个方面看，我们人类的骄傲似乎不是那么盲目。

在观察图 69 的时候，我们对于各类恒星大小的问题已经有所认知了。从图里就会发现，主序星中比太阳蓝一些的星要相对大一些，比太阳红一些的星相对较小，而白矮星则要小得多，巨星会比其他大部分的星大得多，而红色的超巨星则是所有星中体型上的王者。通过计算在图表中记录的元素及其具体值，我们就会得到和上述相同的结论，而通过计算的方法还可以得出某颗星直径大致的数量范围。当然，想要用测量月球或者是行星的直径的办法来直接测量一颗行星的大小是不可能实现的，因为即使是最大的望远镜也不能让恒星展现出它的全貌。说到这里，我们不得不感叹天文学家们的敏锐和聪慧，即使是天空中的一个个小光点也能被探索出这么多的意义。

从 1920 年开始，威尔逊山已经开始应用起了迈克尔逊（Michelson）式干涉仪来测量恒星的直径。在最开始的时候，天文学家们的方法相当繁复，首先要把干涉仪与 2.5 米反射望远镜连接，然后再分离。不过就算如此，在当时的条件下能测量出某些恒星的直径已经让人极度满足了。经过测量，人们知道了恒星心宿二的直径为 6.4 亿千米，而第一颗被测量的参宿四大概有它的二分之一大。很明显，这些红巨星的体积大得让人不敢相信。

虽然我们知道了恒星的质量都是差不多的，但是它们的体积却又相差得如此悬殊，那么显然，各个恒星的密度相差也是极大的。事实确实如此，红巨星中物质的分布与其他不同型的星体相差甚远，比如说心宿二中的空气密度就只有地球的 1/3000。

而与红巨星恰恰相反的是白矮星，在最初得知其密度的时候，人们根本不相信。白矮星的大小与行星相似，但是物质的量却足以与太阳相比拟。例如天狼星暗弱的伴星，它的平均密度大约为水的 3 万倍。有人提出理论，在如此高的温度下，原子也将被全部粉碎，那么是不是这样的星球上会得到地球上没有的密度极大的物质呢?

尽管貌似证据确凿，但是无论是天文学家还是物理学家都不会承认这个事情。如果没有一个更加让人信服的证据来支持的话，人们根本就做不到去相信这个计算结果。想一想吧，天狼星的伴星真的比水的密度大 3 万倍的话，那么我们在生活中随处可见的玻璃杯就将有七八千克重！不过有些事情注定是让人类惊奇的，相对性原理认为，密度非常大的恒星的光谱中线纹将会朝着红色方向移动，而威尔逊山和利克天文台的观测报告中确实发现天狼星的光谱中存在这种移动。

变　星

大多数的恒星每一世纪每一年每一天甚至是每一分每一秒所发出的光几乎都是相同的。如果我们仔细思考整个恒星光球散发能量的过程的话，一定会因为恒星日复一日地发散出如此大的能量而感到惊讶。不过也并不是所有的恒星的辐射能量都是一直稳定不变的，我们把这种会变换发散能量的星称为变星。关于变星的事情，我们后文会提到。

1596 年，人们发现了第一颗特点鲜明的变星——鲸鱼座中的蒭藳增二（Mira）（图 71）。这是一颗"长周期变星（long period variables）"，在某些时候，我们在望远镜中观察到它是一颗 9 等星；而有的时候我们通过肉眼就可以看见这颗明星，在这一明一暗之间，蒭藳增二的亮度相差在百倍以上。蒭藳增二的改变周期大约是 11 个月。大多数的长周期变星都是红巨星或者是超巨星。还有一部分红巨星的变光没有什么规律可循，而且变光很小，比如说参宿四（图 72）。也有那么一部分星的变光部分可以预测。

图 71　**蒭藁增二**　　　　　　　　　　　　　图 72　参宿四

"造父变星（Cepheid Variable Stars）"是现今讨论得最广泛的一种星，它们也确有极大价值，这在下章将予说明。这名称是从仙王座 δ 星（Delta Cephei）来的，那是这种变光的最初例证之一：标准的造父变星都是黄色超巨星。它们的变光在周期和方式两方面都极有规律，周期大半在一星期左右，虽然全数排起来要从 1 天到 50 天。这些星的变光不仅在量而且在质，在最亮时，它们要比最暗时加蓝约一全谱型的程度。

还有一半的造父变星并不是这样的，它们拥有一部分恒星的特点，同时又有许多不同之处。因为造父变星常常与大球状星团联系在一起，所以也被称为"星团造父变星"（cluster type cepheids）。这类变星的变光周期只有半天，是肉眼看不可见的蓝色星。

有一种假设说无论是真变星还是造父变星产生的光之所以有变化是因为星的脉冲。通俗的解释就是变星就是一种规律的热胀冷缩。当恒星内部的热量越来越多的时候，它就会变亮变蓝；变得胀大之后每单位面积上的热量变少，于是又冷下去，变暗变红；变冷之后的星体开始收缩，变小。这样的脉冲变化在开始之后并不能立即结束，而是要经过一个长的时间段。不过要是想完善热胀冷缩这个理论还有一个问题需要解决，那就是造父变星在最紧缩的状态下并不是最亮的，最亮是在 1/4 周期的时候，在那时它是处在向外膨胀的状态的。从这个现在我们也许可以认为恒星的变光是与恒星本来特性是息息相关的。

恒星演化

在最开始人们普遍相信宇宙演化理论的时候，星云被认为是组成宇宙的基础材料，不过由此又产生了一个问题，那就是星云又是如何产生的呢？在星云之中产生了有秩序的恒星、行星，可以说星云便是产生这一切的混沌。哲学家康德在 200 多年前第一个提出来星云的假说，把星云看成是无法继承其他物质的最初形态。他认为，演化就是由简趋繁的过程，这种观点也被后来的研究人员所接受并运用到了研究当中。最著名的要数拉普拉斯的宇宙演化星云假说，他着重研究了太阳系的发展。

在 20 世纪 30 年代之前，人们一直相信如猎户座大星云之类的明亮星云的凝缩形成了恒星。而恒星的颜色不同说明了它的年岁不同，最热的蓝色星是年轻的。它们在经过了冷却之后的形态就是太阳一类的中年黄色星。一颗星到了老年期之后就更冷了，因此变红，尔后变得更红、更暗，直到失去光芒。但是这套理论并不能完全解释我们的疑惑，比如说为什么冷的星云的第二阶段会是最热的星呢？可是有人又举出昴星团星云中的蓝色星的实例，在这个例子里，蓝色星与明亮星云密切相关，似乎向人们无声地昭告着它们的年轻。不过现代理论已经让我们知道，星云明亮的原因是在它旁边有热的恒星。

在最初的恒星演化学说里，密而暗的恒星是由稀薄的星云演化而来的。不过罗素（Russell）在 1913 年的时候提出，恒星演化可能不止一条路线，而是两支。在他的理论中，从红星到蓝星的第一条路线是那些比太阳更大更亮的巨星和超巨星，在这里最大最稀薄的就是红色星；另外一个分支则是包括太阳在内的较小的主序星，在这里，越小越密的星越红。为了丰富这个新的理论，又出现了一些被后世广泛认同的恒星发展的新学说。暗星云在凝结成恒星之初是大而红的，不过温度并不高，因此单位面积里亮度也不高。不过这颗新的星实在是太大了，所以总亮度还是非常之大的。经过进一步的凝缩演变之后，这颗星慢慢地变小。在演变的某一个时间段里，凝缩所产生的热量远远大于辐射出去的，所以它们越来越热，因而它的颜色就产生了红变黄又变蓝的改变。这样的变化一直到凝缩变慢，得到的热量少于放出的热量，星体就会变得冷却起来，颜色也因此由蓝变黄再到红，最后不再发光。

在这两种学说中，都认为恒星是从星云开始，经过不断地凝缩，最后变成暗星直到衰亡。虽然我们很难知道在未来的某一个时期所有的星云和星是否都会消失不见，因而这些学说的真伪很难被考证出来，不过我们始终要对前辈们为我们研究这一极难且繁杂的学说做出的努力和成绩表示感谢。毕竟对于人类短暂的生命来说，宇宙的发展实在是太慢，太难以追踪了，这使得我们根本没有办法证明恒星真的在不断地凝缩。

在现代的科学界有一个热门话题是在追问：恒星经过漫长而复杂的演化之后，最终的状态又是什么样的呢？人们把恒星消亡分为三类：第一类，燃料用光的大质量恒星将自爆，失去完整的星体，而爆炸的碎片将会随机凝聚，成为新恒星诞生的基础物质。第二类，超新星爆发，成为被大家所熟悉的脉冲星。脉冲星是爆炸后得到的中子星（即中心天体，也被称为夸克星），此时的中心天体会发出一定的脉冲。人类最早发现脉冲星的是休伊士女士，那时发散出来的脉冲被人们当作是外星人的信号。第三类，引力进一步凝缩，产生恒星级别的黑洞。

新　　星

说到在所有的星中最让人惊讶，也是产生最为奇异的天界现象的星就不能不提"新星（novae）"。被称为"新星"，并不是说它们是初生的星体，它们与我们所知的大部分永远暗弱的恒星是一样的，只是因为某些我们所不知道的缘故忽然炸裂。在开始爆发直至顶点的几个小时之内，它们可能会从一个肉眼不可见的星亮度提升若干倍，在它们最亮的时刻，可能会亮过最亮的恒星，还有少数的亮度堪比最亮的行星。在爆发之后，它们又会缓慢地隐入黑暗里。

仙后座在 1572 年的时候出现过一颗新星，被人们称为最美新星。因为是天文学家第谷第一个观测到这颗星的变化的，所以也被称为"第谷星（Tycho's star）"（图 73）。第谷星爆发到与金星亮度相同之后才慢慢地减弱，直到六个月以后完全消失不见。而没有望远镜可以辅助的 1604 年出现在蛇夫座中的"开普勒星（Kepler's star）"也尤为壮观，在一年半的时间里都可以被肉眼观察到，最亮的时候甚至比木星还要明亮。

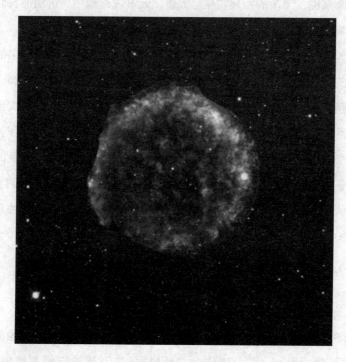

图 73　第谷超新星

在 20 世纪初被人们观察到的很亮的新星就有 4 颗。1901 年出现的英仙座新星在最亮的时候比五车二还要亮一点。1918 年出现的天鹰座新星超过了除了天狼星以外的所有恒星的亮度，是 300 多年来人们发现的最亮的一颗，仅仅两三天的时间里，它就增加了大约 5 万倍的亮度。1920 年出现的天鹅座大十字顶上的新星亮度几乎与天津四一样。1925 年出现的绘架座新星（Nova pictoris），在最辉煌时亮度已经与 1 等星相似了。

在这些忽然出现的明亮新星中，有的在最为明亮时也只能借助摄影才能被发现，单单凭借肉眼是观察不到它们的，这使得人们怀疑还有很多未被发现的新星升起然后又衰落。有的人认为在我们周围每年有至少 20 颗借助小望远镜就能看见的新星忽然出现，这个数字中并不包括银河系以外的无数颗难以被观测到的新星。事实上，新星虽然少见，但并不是一个稀奇的事情。就像人类会有生老病死一样，尽管恒星的生命悠长而久远，但是并不是无尽的，总有一天会这样炸裂在宇宙当中（图 74）。不过当我们想到太阳也会有一天炸裂开来也许就不会对此事漠不关心了吧。因为这样的灾难是地球上的生命完全不能承受的。对于一向按部就班的恒星为什么会出现如此剧烈的炸裂，天文学家通过望远镜、分光仪、照片，得到了很多关于这种突变现象的资料。人们分析认

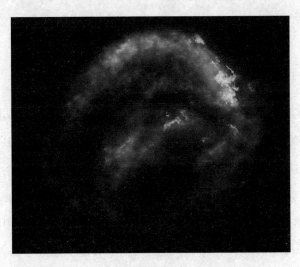

图 74　开普勒超新星爆发后的遗骸

为，当恒星死亡的时候，引力开始塌缩，新星就会出现。在恒星晚期的时候，内核提供的能源不足，引力的作用变得不容忽视，于是产生一系列剧烈的物理反应，使得大量的能量被猛烈地释放出来。我们已经把恒星的几乎所有特点捋了一遍，那么现在我们来回答一下本章的题目：恒星是什么？也许对于一个只追求浪漫而不求甚解的诗人来说，只要写下"眨着眼睛的小星星啊，我们是如此好奇，你究竟是个什么东西"就可以了。但是同样好奇的天文学家却要持之以恒地对其进行观察和研究。所幸，这也是他们的责任，而我们现在所阅读和了解的，就是天文学家们卓有成效的工作汇报与总结了。

在宇宙中，恒星就像是被大自然所创建的巨大而复杂的砖块，贮存了宇宙中的大部分能量。恒星这颗包含了极其炽热的气体的球虽然大小分布差异非常大，从直径几亿千米的红色巨星到几万千米的白矮星都有，但是它们中包含的气体量大致是相同的。这使得超巨星平均密度是空气的几千分之一，而白矮星的密度却是水的几万倍。毋庸置疑，在恒星的中心不仅密度大得不可思议，连温度也超越了人类的想象。有的恒星亮度会不断变化，使得人们联想到跳动不息的脉搏；而有的会忽然炸裂。这些不定和确定就组成了我们眼里的恒星。

中子星

不要在看到白矮星的密度大得惊人就开始感叹，因为这宇宙中还有很多让你更为惊讶的东西呢。比如说这种，密度比白矮星更大的恒星——中子星！我们都知道白矮星的质量为每立方厘米几十千克，但是你知道吗？中子星的密度为 1011 千克／立方厘米，这意味着它每立方厘米的质量竟为 1 亿千克！换个说法也许你能更好地感受到中子星质量的巨大：太阳的质量和半径 10 千米的中子星的质量几乎相等。

中子星和白矮星一样，都是处在一颗恒星的老年期，在恒星演化到后期的时候由恒星中心形成的。如果一颗恒星能形成中子星，那么意味着它的原本质量更大。根据相当数量的研究和计算可知，如果一颗老年恒星的质量超过太阳的 10 倍，它很可能会形成中子星，而质量在 10 倍太阳之下的恒星有很大的可能性会演化成一颗白矮星。

不过，生成中子星和白矮星的恒星质量不同并不是它们之间的根本区别。存在于中子星和白矮星内部的物质状态截然不同。也就是说，白矮星只是密度大了一些，但是存在于其中的物质还属于由电子和原子核组成的正常物质，不过中子星的压力实在是太大了，这使得白矮星中的简并电子压也难以承担了。在中子星中，电子不再是电子，而是被巨大的压力压缩到了原子核中，和原子核中的质子发生了中和，变成了中子。也就是说，在中子星中的原子组成仅仅是中子，除了中子星表面的壳层以外，中子星就是这样一些失去了质子的中子组成的原子核紧紧挨在一起的巨大原子核集。

中子星和白矮星的形成过程是非常相似的。在恒星的外壳向外扩张的时候，它的核因为反作用力而强烈地收缩。在巨大的压力与压力下产生的高温之下的核在一系列复杂物理变化的促进下形成了一颗中子星的内核。在此时，能量已经几乎耗尽的恒星将在最后一次绚烂的发光爆炸之后走到生命的终点，这就是"超新星爆发"。

中子星的表面温度极高，已经达到了 100 多万摄氏度，它还可以辐射出 X 射线、γ 射线和可见光。中子星极强的磁场使得它的极冠区能沿磁极方向发射束状无线电波。由于中子星的自转达到了每秒几百圈，又因为磁极很多时候与两极并不吻合，如果自转中的中子星的磁极刚好朝地球方向发射，那么地球就会被中子星发出的射电波束一次次地扫过。就是因为中子星会向地球发射电脉冲，所以人类又把同类的星体叫作"脉冲星"（图 75 ）。

图 75　脉冲星所在的蟹状星云

黑　洞

　　1968 年，美国物理学家惠勒在一篇题为《我们的宇宙，已知的和未知的》文章中率先使用了"黑洞"这个名词（图 76）。他认为"引力坍缩物体"这个词既累赘又无力，而"黑洞"既简洁又响亮，概括性也强得多。这里所说的"黑洞"是指引力场强到连光都不能逃脱的一种天体。根据广义相对论，引力场将使时空弯曲。对于一颗体积很大的恒星来说，引力场对时空的影响微小到可以忽略不计，在恒星表面上某一点发出的光可以沿着直线朝四面八方射出。但是当恒星的直径越来越小的时候，引力场对周围时空弯曲的作用就越来越大，在某些角度发出的光将不再沿着直线发射，而是沿着弯曲空间回到恒星表

图 76　黑洞模拟图

面。等恒星的半径足够小的时候，垂直表面发射的光也都无法逃脱引力场的作用，这时候的恒星就被称为黑洞。

　　一颗衰老的恒星几乎已经没有燃料（氢）来供给热核反应，使得它承担外壳巨大重量的能力急速下降，中心产生的能量不足以支撑如此大的外壳。于是外壳的重重压力都将作用于核心，核心被压得坍缩。核心越来越小，密度越来越大，直到能够承担住外壳带来的巨大压力才会形成稳定的星体。

　　前文说过，恒星质量小可能会演化为白矮星，而恒星的质量较大的时候形成中子星的概率比较大。有人计算后认为如果中子星的总质量大于 3 倍太阳的质量就会因为自身重力过大，不能被抵消而引发再一次大坍缩。这次大坍缩势不可当地将物质压缩进中心点，使得中心点的体积趋于零，密度趋向无限大。当它的半径一旦达到史瓦西半径的值的时候，"黑洞"诞生了，巨大的引力使得这个点连光线都逃脱不了，隔绝了一切来自外界的窥探。

　　尽管我们对于其他的天体了解的也只是表面的信息，不过对于黑洞内部，我们更加一无所知。因为黑洞的吸光性让我们对其内部的任何方式窥探都无功而返，只能通过实验和理论进行猜想。广义相对论里说，空间会在引力场作用下弯曲。也就是说，在黑洞中的光尽管还是走两点间最短的距离传播，但是只能沿着曲线前进了，而不是直线。

地球引力场作用极小，因此发生的光线弯曲几乎可以忽略不计，但是在黑洞周围，因为引力大得惊人，所以空间的变形也大得惊人。也就是说，恒星躲在黑洞背后，就算是它射出的一部分光线被黑洞吸收，其他未被吸收的光线也能绕过黑洞顺着弯曲的空间来到地球而被人们看到。因为恒星的光线是沿着弯曲的空间传播到地球的，所以人们正常观察就可以看见黑洞背后的恒星。由于在视觉上黑洞是不存在的，因此有人说黑洞是有隐身术的。

既然黑洞既黑又小，那么人们是怎么发现恒星级黑洞的呢？那是因为尽管坍缩之后这颗巨大的恒星看起来一切都消失了，但是事实上它强大的引力还是存在的。因此当某颗亮星和一个黑洞恰巧组成了相互绕转的双星系统的时候，亮星在黑洞强大的引力下摆动，而且亮星上的物质在被吸进黑洞之后变成碎片。由于这些碎片进入黑洞而升温至 10 亿摄氏度，因而发射出了很强的 X 射线，因此，如果找到 X 射线源就意味着找到恒星级黑洞了。

X 射线双星分为两种类型：第一种是大质量 X 射线双星（Massive X-ray Binary，MXRB），组成它的是比太阳质量还大的亮星或中子星和黑洞。第二种是软 X 射线暂现源（Soft X-ray Transients，SXTs），或 X 射线新星。随着致密天体对亮星物质的强烈吸积，X 射线强度呈百万倍剧增。因为物质输运过程也会在达到顶点之后逐渐减弱，所以与之相应的 X 射线的强度在经过 6 个月到 1 年的时间里也会慢慢变弱，达到一个能维持 10 年之久的双星系统的平静期。不过由于围绕致密天体的吸积盘外区因为 X 射线束而发光发热，因此通过可见光或红外波段依然可以察觉到亮度的变化。

在双星系统中，我们能通过两颗可见星的可见光谱线的红移和蓝移现象测定两星互绕的轨道周期以及视向速度的变化，进而得知它们的质量。不过在有黑洞存在的双星系统中，我们无法得知不可见天体的光谱，只能通过一个质量函数的量来估测黑洞的质量范围。

第三节　恒星的距离

前面的章节介绍了测量天体距离的原则。在测量月球、太阳系内其他行星或是距离较近的其他天体时，我们以球半径或者两次观测点的直线距离作为基线。但是这样的基线在测量恒星距离时显得太小了。于是地球公转轨道平均半径，或者干脆轨道两极的距离被用作为基线。即便如此，测得的恒星位置移差还是非常非常微小的。测量一颗恒星的视差的方法如图77，假设 S 为我们想要测得距离的恒星，左边的圆代表地球公转的轨道。虚线为无限远处一颗位置不动的恒星 T 的方向。在地球轨道的一端 P 点处测得两恒星所成的 ∠SPT，在地球轨道的另一端 Q 点处测得两恒星所成的 ∠SQT。两角之间差为 ∠QSP，它的二分之一即为目标恒星的视差。由于恒星 T 不可能处于绝对静止状态，因此测的视差也是相对的，如果把恒星 T 的位置变化也加入计算中，那么得到的就是绝对视差。

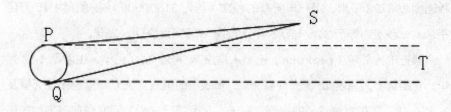

图 77　恒星视差的测量

实际上，一颗星的方向只观测两次是不够的。看起来恒星都永恒不动，其实它们都在极迅速地运动着，因此也都在不断改变方向。若用望远镜观测较近的恒星，这种"自行（proper motion）"尤为显著。因此在隔了 6 个月的两次观测中，我们不能确定所测得的移差有多少是由于该星的自行，有多少真是我们自己改变位置所生的视差。为了区分这二者，观测必须在两年以上。

现代的视差测定用的是摄影法。一架长望远镜对着包含欲观测恒星的区域。底片在望远镜焦点处曝光。隔了 6 个月以后，再用别的底片拍摄这同一区域。这颗星在照片中的位置便根据别的较暗而大致较远的星而精密测定。那些别的星便叫作比较星。这种工作是异常精细缜密的，因为最近恒星的移差也只有 1.5 弧秒。这就是一个直径 2.5 厘米的物体在 3.2 千米以外所观测的对角。大多数这样测出的恒星的视差都是更要小得多的。

当视差的数量测定了以后，计算这颗恒星的距离便很容易了，于是轮到选择表示这数目的方式了。要得到这距离的天文单位数（天文单位是地球到太阳的平均距离），要用视差除以 206265。被认为最近恒星的半人马座 α 星的视差是 0.76 弧秒，因此它比太阳远 27 万倍，就是 40 亿千米，这数目大得不方便了，天文学家便采用另一种更大的单位——光年或秒差距。

"秒差距（parsec）"是视差等于 1 弧秒的距离。实际上没有一颗恒星有这样近的。要得到以秒差距为单位的距离，以视差除以 1。半人马座 α 星的距离因此便是 1.3 秒差距。

"光年（light-year）"是光在一年之间所行的路程。以千米数表示，光每秒速度 299792 千米，用一年所有的秒数（约为 31600000）来乘，约 9.5 万亿千米。一秒差约等于 3.25 光年。半人马座 α 星距太阳 4.3 光年。

最近的比邻星（proxima）比半人马座 α 星近 0.13 光年，也就是 4.17 光年。它距离半人马座 α 星大约有 2°。星表中的第三至第五颗星也和比邻星及 α 星一样，在正对着我们的一侧，有天文学家怀疑它们之间或许存在某种物理上的联系。如果我们事先不知道恒星的亮度各不相同，那么就不会相信星表中前五的恒星竟然只有一个是肉眼可见的。

肉眼所能见的天空中最明亮的星要数天狼星，它是表中的第六颗星，距离太阳约 8.8 光年。它本身的亮度有太阳的 26 倍之多，加上距离相对较近，所以才如此明亮。30 光年内的还有 4 颗恒星非常明亮，由远及近依次是北落师门、织女一、河鼓二、南河三。

通过这个办法，天文学家得到了大约 2000 颗恒星的视差，这个方法在测近距离恒星时是十分高效和准确的。但是随着恒星距我们越来越远，通过这种方法得到的结果就越来越不准。在使用现有望远镜观测 200 光年以外的恒星时，在地球公转轨道的两侧已经分辨不出变化，这个基线已经达到了极限。想要测更远恒星的距离只能再找一个更长的基线。冥王星的公转轨道半径有地球公转轨道半径的 40 倍，如果能在那里采用直接视差测量法的话，大约能测到最远 8000 光年的距离。这个距离听起来非常惊人，但是在浩瀚的宇宙中也只是很短的一段长度。

太阳的运动

想要测得更遥远恒星的视差就需要一条长得多的基线。但是地球公转过程中的轨道是不是固定的，观测过程中地球的位置是否合适成了一个关键因素。我们都知道地球围绕太阳公转是稳定有规律的，但是这个基线为什么不能用作测量恒星的距离呢？可能大多数人都不知道其中原因。

天文学家在约 300 年前就认定恒星在天空中是一直处于运动状态的，而不是看上去静止不动的样子。在 1718 年，天文学家哈雷（哈雷彗星就是以他的名字命名的）证实了天文学界的猜想。哈雷发现有几颗亮度很高的恒星与托勒密（Ptolemy）1500 年前所制作的恒星表中的位置有所出入，这些恒星移动了差不多有月球直径那么远。哈雷认为太阳也是一颗恒星，既然其他恒星在动，那么太阳也在移动。

第一个测出太阳运动方向的天文学家是威廉·赫歇耳，这时距哈雷发现恒星运动已经过去了 65 年。威廉·赫歇耳认为，如果太阳系是在做直线运动，那么以我们自身为参照物，其他恒星必定是朝着相反方向运动的，我们称这种运动为"视差动（parallactic motion）"。视差动和恒星"本动（peculiar motion）"肯定不是一回事，但是两种运动的形式是基本相同的。即在太阳运动方向前方的恒星是从那一点发散运动的，那一点，赫歇耳称之为"太阳向点

（solar apex）"；在太阳运动方向后方的恒星是向着反方向的一点汇聚运动的。"太阳向点"被赫歇耳定位在武仙座中，距离天琴座织女一很近的位置。后来的研究者们也一直使用这个定位。

我们通过对其他恒星的观测知道太阳系在朝着一个方向运动，可是运动的速度却不得而知。好在使用分光仪可以知道问题的答案。分光仪把恒星的光分成了颜色依次排列的彩带，可见光的一端是红色，另一端是紫色。如果光谱在向着紫色一端移动，那么恒星是在向接近太阳方向运动的；如果光谱向着红色一端移动，那么恒星是在向远离太阳方向运动的。运动速率的大小决定了光谱移动的多少。这个判定原理是由多普勒（Doppler）发表的，后来斐索（Fizeau）进行过特别补正。

利克天文台的天文学家对天上恒星光谱进行了 30 年的研究后得到了更多更详细的关于太阳系运动的认识，也初步测定了太阳系运动的速度。以赫歇耳的"太阳向点"为参照，太阳的运动速度是 19.8 千米 / 秒，而地球的速度既有与太阳运动方向相同的分量，也有其围绕太阳公转的分量，所以"太阳向点"看上去地球所做的是螺旋线运动。

地球随着太阳运动而运动，运动距离是地球轨道距离的 2 倍。其他恒星远离太阳的距离比地球公转过程中它们产生的距离多一倍，这个距离经过 100 年后就被放大了 100 倍。这样看上去，在整个太阳系向着武仙座运动时产生的基线似乎可以作为测量视差的基线，通过地球位置的变化测出这段距离。但是实际上我们无法分清恒星真正的运动距离占了多少，视差移动占了多少，所以还是没办法测出恒星的真实距离。

恒星的绝对星等

如果恒星的实际亮度都是相同的，并且观测距离与观测到的恒星亮度存在固定关系的话，整个测量恒星的距离将变得非常简单。按照这个设想在观测两颗视星等不同的恒星时，较暗的恒星必定比明亮的恒星距离我们要远，可以通过数学公式计算出二者的距离差。只要望远镜看得足够远，或许测量宇宙边缘的距离也不是一件难事。但是我们知道，恒星的实际亮度都是各不相同的。那么天文学家面对的问题就是在无法知道恒星距离的情况下测得它的绝对星等。如果知道它的绝对星等，也知道它的视星等，我们就可以求出它的距离。最近天文学家们似乎找到了问题的答案。在此之前先来看一下什么是"视星等（apparent magnitude）"，什么是"绝对星等（absolute magnitude）"。

距今大约 2000 年前的天文学家把肉眼所能见到的恒星根据其亮度划分为六等。1 等星是最亮的星，共有 20 颗；亮度比 1 等星暗一些的被划为 2 等星，比如北斗七星中的 6 颗都是 2 等星；以此类推到 6 等星。因为是按照肉眼所见的亮度划分的星等，所以这个星等被称为"视星等"。

人类发明了望远镜之后，能够看到更多肉眼所不能看到的较暗的恒星，所以星等在延续。可以想到 21 等星的亮度有多低，不过使用 2.5 米望远镜就能观测到了。鉴于之前划分星等时没有严格的标准，在重新划分星等时有了精确的划分定律。这个定律是前一等亮度是后一等亮度的 2.512 倍。例如 1 等星的亮度是 2 等星亮度的 2.512 倍，之后的星等以此类推。但是在天空中有几颗恒星的亮度非常非常大，它们被编为比 1 等星还靠前的等级。比如织女一被编为 0 等星，天空中最明亮的天狼星被编为 −1.6 等星。按照此种方法计算，距离地球最近的恒星，也就是太阳，被编为 −26.7 等星。

上面所说的恒星亮度都是人们通过肉眼直接观测或者通过望远镜观测到的亮度，所以据此所编的星等被称为"目视星等"。除了"目视星等"外，还有其他根据别的条件划分的星等。比如在"照相星等"中，"目视星等"相同的两颗恒星会因为恒星的颜色不同而处于不同星等，通常红色的恒星在底片上的亮度会比其他颜色的恒星低。如果一颗恒星正好在 10 秒差距的位置，也就是在视差等于 0.1 弧秒的时候，这时测得它的星等就是绝对星等。按照此标准，太阳的绝对星等是 +4.8，天狼星是 +1.3，心宿二是 −0.4。

当处于 10 秒差的标准区域来观察三颗星时，心宿二的亮度与金星最亮时的亮度一样，天狼星是 1 等星的亮度，而太阳会成为暗星。如果把太阳放到

20 秒差距以外，也就是毕宿五的位置，那我们仅凭肉眼将无法看到太阳。顺便说一下，毕宿五是 1 等星。如果把太阳放到 6300 秒差距（约两万光年，这个距离是武仙座球状星团覆盖范围的一半多一点）以外，那么我们即使使用目前最大的望远镜也无法看到它。

由于距离太过遥远，所以天上的多数恒星都无法用直接视差方法测出其距离。另一种可行的办法需要知道恒星的绝对星等，但是在不知道其距离的情况下如何测得绝对星等是问题的关键。目前有两种途径可在不知距离的情况下测得恒星绝对星等：一是对恒星的光谱进行分析，从而得出结果；二是利用造父变星的特点进行观测。

使用分光仪

通常人们使用分光仪是用来分析光谱，而不是被用作测量恒星的距离。开创这一先河的是威尔逊山天文台的天文学家，他们在 1914 年找到了一种通过研究光谱的某些线纹进而得出恒星绝对星等的方法。很快，不同天文台的天文学家总共得出了几千颗恒星的"分光视差（spectroscopic parallaxes）"。

我们已经知道，恒星表面温度的由高到低决定了光谱次序是由蓝星到红星排列的。恒星表面的温度会让某一化学元素最高效地吸收属于它的线纹花样。就像 100℃时水会沸腾，2750℃时铁会沸腾一样，温度相近的恒星会因相同的化学元素的活跃而有形似的谱型，更重要的是它们的线纹花样也是基本相同的。

除了温度条件外，还有一个重要条件，那就是压力。我们都知道在海拔较高的地区水的沸点是不到 100℃的，其原因就是压力减小了。与此类似，化学元素在压力减小时，即使在温度低的情况下，也会表示与正常情况下一致的光谱线。但是有些恒星的光谱型是随着其表面压力增加（如图 71，趋势是向更大星发展）而减低的，如果想保持谱型不变，那么恒星的温度需要随着压力的增加而降低。所以有很小一部分的红巨星要比主星序的红色恒星温度低。

然而各种各样的化学元素不会因为恒星压力与温度的变化产生完全相同的变化。有的化学元素线纹花样根本不会受到外界条件影响；有的会与外界条件成正比，有的会成反比。天文学家正是利用了这样的特点，通过考察恒星光谱中受影响的度来得出这颗恒星的绝对星等，从而得知它的距离。

造父变星的距离

造父变星是一种变光星，它们的变光过程是很有规律的，周期较短的只有几个小时，长一些的有数个星期。造父变星分为两大类：一种是蓝色的星团造父变星，其周期在 12 小时左右；另一种是黄色的标准造父变星，一般都是超巨星的大小，它们的周期在 7 天左右。这两类造父变星的变光亮度差不多都是 1 等星，在亮度变化过程中，星光的颜色也随着变化。此处讨论的重点不是其发生变光的原因（有人说它们其实是一种脉冲星），我们重点说明的是因为它们的变光周期与绝对星等存在特殊的联系，所以在测定恒星距离的问题上，它们有着十分重要的地位。

哈佛天文台的勒维特女士（Miss Leavitt）于 1912 年发现了这种联系。她发现造父变星的变光周期与其视星等似乎存在着类似于线性关系的变化。由于她观察的小麦哲伦星云（那是距离我们很远很远的一个恒星聚集）内部恒星之间的距离与这些恒星距我们的距离小得多，所以它们的视星等关系与绝对星等关系应该是差不多的。几年后，夏普利（Shapley）画出了变光周期与平均绝对星等（一颗恒星最亮与最暗时的平均星等）一个增加另一个也随之增加的关系曲线。

如果造父变星的变光周期为半天，那么平均绝对照相星等就是 0；周期为一天时，星等是 −0.3；为 10 天时，星等是 −1.9；为 100 天时，星等是 −4.6。这些数据对应曲线上一个一个的点。这个曲线的规律适用任何一颗造父变星。掌握了这个规律后，得到其距离就是很简单的事了。只需要找到这样一颗造父变星，观察得到其变光周期，找到曲线中与之对应的绝对星等，再测得其平均视星等，然后进行计算可得出距离大小。

　　理论上说起来非常轻松，但是想要找到一颗造父变星是比较困难的。一颗标准的、适用于那条曲线的造父变星可以说是百万里挑一了。好在它们都是黄色超巨星，都特别明亮，在几十万光年甚至上百万光年的距离也是能够被看到的。它们存在于银河系边缘的球状星团之中，也存在于银河外星系之中。不管在哪里发现了造父变星，它的距离和它所在大星团的距离都是可以测出的。存在于球状星团的造父变星也可帮助我们测出距离。对于其中周期较短的来说，夏普利所作的曲线相当于绝对星等为 0 等时的水平线，对所有此类造父变星都是适用的，可以测得它们的距离。通过各种测得恒星绝对星等的方法（包括刚刚所说的造父变星），天文学家能够对我们周边的和更为遥远的星系进行较为精确的考察，这样的精确程度在以前是不可想象的。

第四节　恒星系统

如果把恒星漫长的生命时间与人类比较，你会惊奇地发现，实际上星星也和人一样，有着自己的圈子和各种各样的性格。在属于星辰的社会里也分为很多的区域，那就是"星云（star clouds）"或称"星系（galaxies）"。每一颗星在自己的区域里用自己的方式度过漫长的岁月。有的星很自我，不接受他人的影响，用自己的速率独自沿着直线前进。也有的星被称为"双星（binary stars）"，在它们的队列里，两颗星或携手前行，或相互环绕。还有组成小团体的星星们，它们被称为"聚星（multiple stars）"。或者有的喜欢更多的星星聚集在一起，它们的团体就被称为"星团（star clusters）"。和人类一样，大部分的天体都喜欢群居生活。我们就来研究一下恒星们的"部落"。

目视双星

远在 1650 年，有一颗著名的双星开阳（Mizar）就已经存在于历史的记载当中了，它位于北斗柄的中间。即便是很小的望远镜，也能轻易地发现它是两颗光并不相等的星。在那之后，又有一些并没有引起人们关注的星被人们用望远镜找了出来，它们的特点是用望远镜观察是两颗星，而肉眼看来只是一颗，当时的人们并不知道其中的意义。当然，我们也可以认为这样的现象是因为热闹的星空中有两颗距离较近的星被肉眼看成了一颗。但是只要经过简单的计算就会发现这种"光学双星（optical double stars）"并没有那么多。这么看来，这两颗星真的是连在一起的。在这对"光学双星"中，双方相距的角度与物理联系成反比。人们将用望远镜发现的双星命名为"目视双星（visual double stars）"。与太阳和地球这样距离大、旋转周期也很大的相互环绕系统不同的是，大多数的目视双星都只是并肩运动。因周期不到 6 年而闻名的小马座 δ 星之间的距离就非常小，甚至小于木星到太阳的距离。而变为旋绕系统周期约为 80 年的半人马座 α 星，它们之间的平均距离仅仅大于天王星到太阳的距离。双星系统中第一次被发现是回绕的双星系统北河二（Castor），这两颗星的距离大约为冥王星到太阳的两倍，而相绕周期大概为 300 年。1803 年，威廉·赫歇耳根据查阅百年前的天文学家布拉德利（Bradley）的记录以及自己的观察结果认为，北河二确实改变过方向。这是一个很重要的发现，至少从这里能看出实际的物理系统的痕迹了，毕竟在他之前的天文学家，包括赫歇耳也都只把用望远镜观察到的双星当作目视双星的。此后，目视双星被当作天文学上的一个重要的工作开始了研究和探索，并且研究人员们还把视线延伸到了早期观察人员大半看不到的南天极区域。研究目视双星最为权威的是利克天文台的艾特肯（Aitken）。他独自一个人用望远镜逐一考察了 9 等以上的星，值得一提的是，这些繁复的考察工作几乎是他独自完成的。在 1915 年完成这项工作的时候，他一共发现了 4300 颗目视双星。1931 年，艾特肯发布了距北极 120° 以内的已知目视双星表，星表中包含了超过 17000 颗的星星。经过统计和分析以后，他认为 9 等以上的星中双星的数量为十八分之一，而在南天中这个结论也同样正确。

想要观察出目视双星必须使用测微计（micrometer）来替换望远镜上的目镜。测微计通过移动蛛网使之与视野平行或者旋转，而这种移动的完成都是由精密的标尺辅助进行的。观测双星就是通过测微计得到两颗星的分离角度和较亮星的伴星（即较暗星）的方向。在完成了测量伴星绕转一周或者提取到的路程可以代表所有的时候，就可以对轨道进行计算了。在确定了相对轨道的大小、偏心率、交角等七个要素之后就可以推算出相对轨道了。不过我们很难知道对着我们的是轨道的哪一边。这些轨道与天的平面的交角并不能一概而论。总的来说，行星轨道的椭圆比这些轨道更圆。距离我们分别是 8.8 光年和 10.4 光年的天狼与南河三（图 78）是非常典型的目视双星的例子。这两颗有着恒星间运动的星属于大犬座、小犬座中，是离我们最近的恒星。很多年前人们就发现它们的行进路线是波状的，并不是单独星的直线，认为这表明它们在前进的时候有一颗暗一些的伴星旋绕着。这和天王星、冥王星一样，在没有正面观察到它们的暗伴星的时候，人们就知道它们的存在了。1862 年，人们用望远镜第一次看见了天狼的伴星，而直到 1896 年，南河三的伴星才出现在人们的视野中。

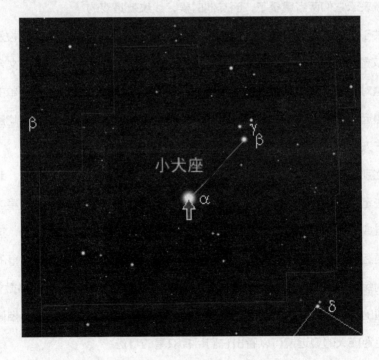

图 78　南河三的位置

相对于很多在肉眼看是一颗星却被望远镜揭穿实际上是两颗的星体来说，还有很大一部分在最大的望远镜中不能发现它们的不同，只有在分光仪中才暴露了它们的秘密。对于一颗星来说，如果它环绕的轨道平面没有对着我们的话，那么它与我们的距离就会变得时远时近。在它接近我们的时候，它光谱中的线纹会向紫色端靠近；在它离我们远的时候，线纹就会靠近红色端。这就是闻名的多普勒效应。我们观察一颗恒星光谱中的线纹一直呈周期性来回移动，如果不是受地球自转影响的话，那就是说它很可能属于"分光双星（spectroscopic binary）"一类了；而它的周期就是来回移动的周期。当伴星的亮度也足够亮的时候，在光谱中同样会出现它的线纹。而当两颗星的谱型相同的时候，这两个相似的光谱现象就会呈相反的情况改变。当线纹是单的时候，就表示它们两者重叠了，而其他时候，线纹就是双的。

关于北斗星中的开阳有一个很有趣的巧合，那就是它既是第一颗被发现的目视双星，同时也是人类发现的第一颗分光双星。1889 年，哈佛天文台率先发现这对目视双星中较亮一颗的光谱有时候是重复的，有的时候又是单的。人类的望远镜根本无法将这两颗星区分出来，它们的周期是 20.5 日，平均距离则稍远于天王星到太阳的距离。

在那之后，又有超过 1000 颗分光双星被发现，五车二、角宿一、北河二是这些星体中最亮的几颗。五车二周期是 102 日，组成它的两颗黄色星亮度相近。组成角宿一的两颗蓝色星，旋转速率为每秒 130 千米和 210 千米，这两颗靠得更近的星一周期为 4 日。肉眼中是一颗星，而在望远镜中是一对星的北河二因为每颗都是分光双星，所以实际上是 4 颗星。这种双星的变化略微复杂：周期短的时候只有几个小时，几乎连在一起；有时候周期需要数月，相信借助未来更为庞大的望远镜可以看出它们目视双星的身份。

在许多双星中，夫琅和费谱线的紫色中的 H 及 K 钙线，和黄色中的双 D钠线这三条暗线是不随其他线移动的。有人认为这是星光在经过极稀薄的气体传达到地球的途中被吸收了。

一些天文学家认为，像太阳一样的单个恒星在整个星系中是属于少数的。而事实似乎也证明了这一点，因为双星非常多：大约四分之一的星是双星或者聚星。也许在知道了恒星本性的完满的叙述后我们就会理解为什么会有这么多的双星。还有一种学说引起了很多人的关注，那就是双星形成的分体学说。这个学说相信，一颗旋转的星可能会因此而分裂成两颗。造父双星的脉动也被归因于分体。一颗星分体之后就成为距离很近的分光双星，在相互的吸引力下，分离和旋转周期会有一定的增加，但是增加的量不足以使它们达到目视双星的程度。

这些学说的正确性暂且不提，不过借助双星系统我们就可以测量到恒星的距离。计算目视双星的质量的算法是非常简单的：以弧秒为单位的两颗星间平均距离的立方，用以秒为单位的视差的立方与以年为单位的周期的平方的乘积来除，便得出两星质量之和。这种计算方法得到的质量是以太阳质量为单位的。前文介绍过，太阳质量和单个的恒星质量差距不大。因此我们把这个法则中质量的和看作是太阳的质量，当然这个值会因为双星的种类而有所增减，在计算双星的力学视差之后就可以得到比较准确的距离了。

食 双 星

当分光双星的距离十分近或者两颗星的轨道正对着我们的时候，就被称为"食双星"或"食变星"。在所有的食变星中最先被发现也是最著名的是英仙座中的"妖星"大陵五（Algol）（图79）。这颗星以约2日21小时为变光周期，可以说是非常守时了。在一个变光周期开始的两天半里，除非使用最精密的测量仪器，否则很难发现大陵五的亮度变化。不过在以后的5小时里，它的亮度会越来越暗，直到达到平常亮度的1/3。又经过5个小时的"蓄光"之后，它的亮度又恢复到了平常的水平。

图 79　大陵五的位置

这颗亮星有 10 个小时的显著变光期是因为它被暗弱的伴星食去了一部分。参照它的光恢复后立刻又接着衰落，我们认定这是偏食。而在全食的过程中，光会一直保持其最小的亮度。这样的现象与发生环食时前面的恒星不完全遮掩全部投影在后面的星的圆面上的现象也不同。发生环食的话，也会经常观察到最小光度，而且光的衰落与恢复性质也有区别。在其他的食双星中会发现有全食和食蚀的情况。在两次主要食之间，光也会发生一定程度的变化。有时这种变化是很明显的，特别是在暗星被亮星食去，即大概一半的时候。这些变化除了体现在食上之外，还表现在两星的形状不成球形上。这有两个原因，一是因为自转而造成的两极偏向扁化，二是相互的起浪潮让它们变成长形。

　　精确测量出食双星在变光全过程中的光度，再配合对光谱的观测，基本上就可以知道这两颗星以及它们的轨道了。通过这种方法得到的恒星大小与形状有着比较重要的价值，被认为是最大价值的数据（data）。天琴座 β 星、金牛座 λ 星、武仙座 μ 星、天秤座 δ 星是肉眼可见的星中除了大陵五以外的比较容易观测、变化程度相对较大的食双星。

　　分光双星有一种特殊的情形，就是蚀星系，它因为大多数时候轨道的边对着我们而著称。如果相对于恒星系统来看，它是没有变化的，但是它因为与我们看来本来没有变化的相近的双星交食而产生亮度的变化。

星　　团

　　在天界的路程中出现的星团并不是偶然的聚集，它们都是内部有着一定秩序的星群。这样的星球有两类：一类因为集中在银河内而被称为"银河星团（galactic clusters）"，它们也叫"疏散星团（open clusters）"；而另一类被叫作"球状星团（globular clusters）"。

　　对于几个靠近的星团来说，肉眼是可以看见它们之中比较明亮的星的。比如被称为七姊妹的昴星团（Pleiades）（图 80），在秋冬的夜空中就可以用肉眼看见这 7 颗星组成的短把勺子形。而如果你的眼睛异常锐利的话，甚至可以发现 9 颗到 10 颗亮星，当然，通过望远镜的话，你将会收获更多的星。属于金牛座的毕宿星团（Hyades）位于昴星团的南边，属于显著的疏散星团。天牛的头部所在的 V 形就在此处，这附近还有并不属于这星团的红色亮星毕宿五。

　　尽管处在疏散星团，但是团员们在所在空间内的行动是一致的。而有的星团因为离我们很近，所以能观察到它们的运动，这就是"移动星团（moving clusters）"。毕宿星团就是这样的一个移动星团。除了毕宿五以外

图 80　史匹哲太空望远镜以红外线拍摄的昴星团

的 V 形星群同它们邻近的星一起向东方运动，尽管它们形成的轨迹并不是平行的，但是远远望去，却在向着远方集聚，人们由此判断它们正在退后。事实也正是如此，不同于大约一百万年前的约 65 光年，它们现在已经离我们 130 光年远了。照这种速度行进下去，用不了一亿年，我们在望远镜中看到的这个星团仅仅就是一个离猎户座红星参宿四不远的暗淡物体而已。

　　太阳并不是我们现在处于的这个移动星团的一员。这个星团的一部分在北天形成了北斗，不过柄末上的一颗和指极星上的一颗并不属于它们。这一星团在南天有天狼和一些散得很远的亮星。时过境迁，这些在我们身边熟悉的星团就会远离地球和太阳，在那时的人们眼中，它们就只是一个遥远而平常的疏散星团而已。

有一个著名的例子：在肉眼看来像一块雾斑的疏散星团，是称为"蜂巢"的鬼星团（Praesepe）（图 81）。它属于黄道带中的巨蟹座，位置是狮子座的镰刀形两边一点。想要将这些显得有些暗淡的光斑看透，观察到它星团的本质只需要一架望远镜。银河中有一星团离仙后座的宝座很近，属于英仙座，看上去像一块云状光斑。这两个星团用小望远镜就能看到，它们被称为英仙座双星团。如果通过望远镜顺着银河观察，你就会看见另外一些美丽的疏散星团。我们很容易想起在靠近银河的北极的狮子座与牧夫座之间的后发座星团，它们即使相对离我们较近，但在肉眼里看来也像处在了天的尽头。

在疏散星团中，我们并没有发现造父变星和星团变星。更确切地说，是人们发现变星并没有处在这类星团的序列中。没有了这在测量远近方面非常有价

图 81　鬼星团

值的形体以后，科学家只会用其他方法来对这些星团的距离进行测定。有 100 个以上星团的远近和大小被利克天文台的特兰勃勒（Trumpler）测了出来。不过奇怪的是，好像这种星团的直径与它们到地球的距离是成正比的，它们离地球越远，直径越大。

我们当然不会认为地球竟然会重要到让星团都因为它而排列，所以这种结果就必须有一个科学的解释。其实之所以产生这样的结论，是因为观测或者计算时的特别设定。我们在测量的时候是理想化地认为空间完全透明。但事实上并不是如此，即使假设空间中有着非常稀薄的雾气，那么离我们如此遥远的星团的光透过这些雾气被观测到的时候也是要暗一些的，使得我们得到的结果远于真实的距离。当我们人为地补足了它们之间的角度的时候，它的真实大小就会小于测量结果。特兰勃勒揭示了测定疏散星团时距离会不断增长的原因。如果要透过一层几百光年厚的吸收层观察距离 3000 光年的一颗星，那么它的亮度就会减少 50%。如果天体距离银河足够远，那么这种层对它就不会产生什么影响。不过对于离银河平面很近的疏散星团来说就会受到一些影响。当然对于银河中的星云也是有影响的。在这层雾状介质的隔离下，它们变得暗了一些，所以看起来比真实距离遥远得多。而受此影响，整个银河系就从通常承认的直径约 20 万光年缩小到只有三四万光年了。尽管特兰勃勒针对疏散星团的研究给出了他的结论，但是想确认这个结论正确与否还需要更多的研究。

球状星团

有一种大且壮观的星团呈球形，属于第二类星团。这种大的恒星的球位于星星稀少的银河系统的边境上，已经不属于银河本身聚集的区域了。麦哲伦云中发现了 10 个这样的恒星球，而这类系统中已知的只有 121 个。

在北纬中部不可见的半人马座 ω 和杜鹃座 47 号（47 Tucanae）是最近最亮的球状星团。它们相距约有 2.2 万光年，如地球一样旋转着，两极略扁，是能被肉眼所见的云状 4 等星。在望远镜中发现这是一些由恒星集成的球，尽管中心部分过密使得计算并不准确，不过我们能知道的是，这些恒星至少有几千颗。

在北纬中部通过望远镜的话，能看到一个最美的球状星团，它就是武仙座大星团 M13（图 82）。在夏末的傍晚，这个藏在蝴蝶形状的武仙座头部到北方翼端 2/3 处的星团差不多从头顶经过。虽然在一定条件下它是肉眼所见的，但是只有通过望远镜拍摄或者观察才能真切地发现它的壮观。

这团星云远在 3.4 万光年的地方，所以恒星如果没有足够亮的话，是不能被看出来的。虽然在这个星团中我们用肉眼能看到比全天上的星还要多 20 倍，也就是惊人的 5 万颗星，但是最大的望远镜也看不见在这个星团里比太阳还亮的星。武仙座星团内的星星数量已经超过 10 万颗。在 70 光年的区域内聚集了星团中大部分的星，而最为密集的区域直径大约为 30 光年。与太阳四周空间大小相同的区域内，武仙座星团内的星星数量要多得多。如果我们处于这个星团内的话，就会发现天空上的星座要比现在耀眼许多倍。

图 82　武仙座球状星团

夏普利通过在威尔逊山和哈佛的研究发现，球状星团的距离在 2.2 万光年到 18.5 万光年之间。这些星团并没有分布在银河的中央平面，而是均匀地分布在它的两边，因此我们可以认为这和星云的系统也是密切相关的。球状星团的中心在距离地球约 5 万光年人马座的方向上，直径大约 20 万光年。假设这些星团构成了银河系的大部分的话，那么我们的银河系统直径大约为 20 万光年。

银河中的恒星星云

夏末和秋天的傍晚位于北纬中部的人能看见银河最美丽的一部分。如果在晴朗的夜晚，没有月光和人造光干扰的话，我们用肉眼就会发现美丽的银河呈带子形横跨中天的东北到西南的夜空，闪耀着动人的光芒。

我们把视线从东北方地平沿着银河向上方追溯，经过英仙座、仙后座、仙王座，到北方大十字区（天鹅座），到达秋初傍晚天顶的边缘。在此处，银河分为两个平行支流，其中一支来到了南十字座。看了下一章的详细介绍，我们就会明白，这些分支的出现并不代表银河分裂了，那只是一些黑暗的宇宙尘云遮住了星光，蒙蔽了我们的双眼而已。

经过天鹅座往南走之后，渐暗的西支流在地平之前又恢复了亮度。而经过天鹰座的东支流更为明亮，它继续向下，汇集成了让人叹为观止的盾牌座（Scutum）（图 83）和人马座的星云。此时如果用肉眼或者望远镜来观察这片区域的话，就能轻易地发现附近的蛇夫座和天蝎座为主要代表的银河区。巴纳德曾经在此处及北纬中部用短焦距望远镜拍摄出了银河的美丽身影。巴纳德在威尔逊山的时候就用 25 厘米的布鲁斯望远镜拍摄过一部分银河的照片，随后把其余的工作搬到了叶凯士天文台，直至完成。

在南方地平线下的银河在经过了半人马座之后结束了这个分支，又经过了离天球南极极近的南十字座。随后转向北方的银河在冬季的天空汇聚成了一条

图 83　盾牌座中的疏散星团 M11（野鸭星团）

没有夏季明亮的河流，也没有形成显著的星云。这河流在农历十一月经过两颗犬星和猎户座，在经过双子座以及天顶边缘的御夫座之后回到了英仙座。

　　银河系的星云在天空中留下了一圈圈的光影，我们可以理所当然地认为通过这个发光带中心的圆所在的就是这个扁平系统的主要平面。我们要做的就是根据这投影画出这个系统的全图。在下一章中会介绍关于这个图的绘制进程，以及天文学家探索到的这个系统以外的星系的发现与研究（图 84）。

　　不管一个星云的明或者暗，它都是被我们最先注意到的，星云在银河系的构成中至关重要。

图 84　从死亡谷所见的银河

第五节 星云

　　最初人们把天空中能观测到的较暗的光斑都称为星云。其中有一些亮度较大，无须通过望远镜就能直接看到。借助望远镜，天文学家们又发现了许多星云。赫歇耳家族涌现了多位杰出的天文学家，如约翰·赫歇耳、威廉·赫歇耳及卡罗琳·赫歇耳女士，他们做了大量星云的观测、记录和编排工作。

　　根据所处位置或者特殊的形状，人们给一些星云起了通俗的名称，比如猎户座大星云、北美洲星云、三叶星云（Trifid Nebula）。梅西耶（这个人发现了很多彗星）所编写的 103 星云表对大多数明亮的星云进行了编号。如果使用小的望远镜观测，这些星云都与彗星很相似，比如位于仙女座的 M31 星云。到目前，星云的编号使用的是德维尔（Dreyer）的新表（New General Catalogue）中的编号。这个表分为两部分，包含了 13000 个星团和星云。前面所说的 M31 星云被编为 NGC 223，意思是新表的第 223 号。

　　对星云进行研究的初期，天文学家们有着各自不同的看法。康德（Kant）认为星云其实是星系，只不过那些星系距离地球太远。威廉·赫歇耳认为有些星云是发光的流体而不全是恒星组成的。拉普拉斯认为我们所在的太阳系是由气体构成的星云凝缩而形成的。之后更大口径的望远镜被制造出来，通过新的望远镜，天文学家否定了星云是气体的观点。到 19 世纪 50 年代前后，罗斯爵士制造出了前后几十年里无可与之匹敌的 1.8 米反射望远镜，通过这个望远镜的观测更加印证了星云是遥远的多个恒星聚在一起。

　　但是不是所有的星云都是恒星大的聚集？英国的哈金斯（William Huggins）通过实际行动证明了有一些星云是气体的。哈金斯几乎是最早使用分光仪对天体进行光测的天文学家，他于 1864 年使用分光仪对天龙座进行观察，意外地在天龙座的光谱中发现了一种发光气体的光谱，从而证明了赫歇耳曾经的推测——一部分星云是"发光流体"是正确的。然而有些星云虽然和恒星的暗线光谱变化类似，却不能证明那些星云就是恒星团。关于星云的问题至今还有一些是没有答案的。

到现在，天文学家们已经将银河系中的星云与星团全部区分完毕了。在这个过程中，有很多之前被认为是星云的天体被证明其实是另一个星系，之前因为距离太过遥远而产生了误判。按照星云的状态可分为弥漫星云和行星状星云。弥漫星云按照亮度又分为明和暗两类。

明亮的弥漫星云

人们最为熟知的明亮弥漫星云要数猎户座大星云（图85）了。在不借助望远镜的情况下，很容易把它认作是一颗星，属于猎户佩刀三星之一，位置在猎户腰带三星的偏南方。望远镜中的猎户座大星云是一团散发微弱光芒的云。它大致呈三角形，面积大约有满月月相面积的两倍，但是实际上它最远两端的距离有10光年，是一个非常巨大的星云。使用大视场的透镜观测，并长时间曝光后，可以看到猎户座绝大部分都笼罩在一片更暗的星云后面。

图85　猎户座大星云

另一个非常明显的明亮弥漫星云是三叶星云，它位于人马座。第一次看到它的形态很容易认为它是由几片星云组成的。但是明亮的部分和黑暗的部分是一个整体，只不过那些看似无底深渊的裂痕其实是暗星云。昴星团被云状物笼罩，内部的几颗非常明亮的恒星照亮了星云，所以在照片中看起来很特别。但是我们无法通过双眼从望远镜中看到它清晰的景象，只能看到一些发光的星星，实际上使用更高倍数的望远镜也无法看到天文望远镜拍摄到的那种景象。北美洲星云便是能通过照片看清的明亮弥漫星云，照片中，它让人瞠目结舌。它的名字由来是因为外形像北美洲，海德堡的沃尔夫是那个起名字的人。北美洲星云位置在天鹅座中北侧十字上端最亮那颗星的旁边。天鹅座中还存在着一个不断膨胀的卵形星云，人们猜测那是由恒星爆炸产生的。如果人们猜测正确并在膨胀率不变的前提下，那颗恒星爆炸的时间很有可能是在十几万年之前。它有着特殊的结构，其中最亮的部分被称为网状星云和丝状星云。以上举了几个明亮弥漫星云的例子，人们在使用肉眼通过望远镜观察过程中以及对太空望远镜拍摄到的相片进行辨认，发现了很多这样的星云。其中大部分都在银河以内或是靠近银河。在银河以外，我们迄今为止发现的最大明亮弥漫星云是大麦哲伦星云（图86），它被命名为剑鱼座30号（30 Doradus），其直径超过了100光年。

图86 大麦哲伦云

弥漫星云之所以能被照亮，为我们所见，并不是因为其由气体和微尘组成的内部密度大，相反，这些星云的密度比人们在实验室创造出的最好的真空环境的密度还要小，但是因为星云的厚度足够厚，人们才能看到它的存在。假设我们身处大麦哲伦星云中，根本不会感觉到这个弥漫星云的存在。

星云的光

之前有一个问题一直困扰着当时的天文学家。人们已经知道星云的组成，但是照亮星云的光源在哪里一直不得而知，显然星云中的尘埃和云雾是不可能发光的。后来哈勃（Hubble）通过威尔逊山的大反射镜多次观察星云，并在仔细研究后得出结论，照亮星云的光源是与之邻近的恒星。恒星越明亮，星云的范围就越大。在后来的研究中，人们又对哈勃的结论进行了修正，恒星是星云的主要光源，但不是唯一光源。

通过分光仪，人们发现星云发出的光与给星云提供光源的恒星发出的光的复杂联系。一种情况以昴星团周围的星云为例，除了最热的星及其周围星云外，星云的光和恒星的光有相同暗线光谱和暗线变化。另一种情况以猎户座大星云为例，这种星云与最热的恒星邻近，它们的光谱有着明线光谱变化，与恒星的光谱是不同的。从这样的联系中能够得到怎样的答案呢？

关于第一类的看法，科学家中存在一定分歧。有人认为星云只是直接反射了恒星发出的光。但是这种说法无法解释星云中发出的明线光谱的光，这种光根本不是恒星发出，但是不容置疑的是，因为恒星的光星云明亮才为人们所见。于是有人想到了极光，极光源于太阳却不是日光。彗星的光也有相同的特点。后来得出的结论是猎户座星云和其他星云中发出的光与极光一样，产生的原因是受到了近距的热星影响。

在很长一段时间里，星云光谱的元素分析停滞不前，因为科学家们被光谱中的明线给难住了。其中人们非常熟悉的氢、氦元素分析起来毫无难度，棘手的是那些没有见过的，于是有人怀疑星云中可能有人类还没接触过的元素，并且暂定名为"氪（nebulium）"，但是后来科学家们发现那根本不是一种元素，而是氮氧两种元素在那种特定环境下反应出的一种特质，人类目前还不能通过实验重现那种情况。所以明线的难题就不攻自破了。

行星状星云

由于从望远镜中所见的一些星云呈椭圆形面，还有的呈圆面，故而得名行星状星云。其他再无与行星有关联。实际上这些星云多数是很扁的球体状，因为自转，导致它们看上去是扁扁的，用分光仪可以知道它们在自转。它们也非常大，远远超过行星，可能整个太阳系都没它们大。目前已经观测到超过1000个行星状星云，这些星云因为与我们的距离不同，所以看上去有大有小，但是它们的实际大小基本上是一致的。离我们最近的，也是我们肉眼所见的最明显的行星状星云是属于宝瓶座的螺旋星云NGC 7293，它比满月的三分之一还大一些。离我们很远的那些，即使在望远镜中也只能看到一个发光点，所以靠肉眼无法与恒星区别开来，但是使用分光仪就可以轻松分辨。

人类观测到的行星状星云内部通常亮度不一，所以它们各有各的样式，人们也通常以地球上的物体来为行星状星云命名。在大熊星座中有一个距离地球最近的行星状星云，通过望远镜可以清楚地观测，因为它的内部存在两块较暗的区域，看上去像是枭的双目，所以被命名为"枭星云"。在狐狸座中有一个行星状星云被命名为"哑铃星云"，原因是它椭圆形长轴的两端比较暗，看上去像一个哑铃，这种两端区域较暗的情况在其他行星状星云中也比较常见。还有的行星状星云内部明亮的周围存在着像土星光环一样的环状尘埃，有薄有厚，我们从望远镜中看到的通常是环的边，如果环很厚的话，那么整个行星状星云的中间位置就会很暗。在天琴座（图87）中的一个行星状星云就有上面所说的环状特点，它在天琴座偏南的方向，位于食变星 β 和与它相邻的 γ 星中间。这个星云的中央是一颗呈蓝色的恒星，这颗蓝星是整个星云的光源，这个特点也几乎是行星状星云所共有的。用中等望远镜观察天琴座中的环状星云是最合适的，那是非常美丽的景象。如果用太大的望远镜去看，整个星云的复杂结构会看得更清楚，但是此时星云像是被压变形的光饼，就没有那么好看了。如果使用小倍数的望远镜就无法看到环状星云的所在，肉眼更是没法看到了。

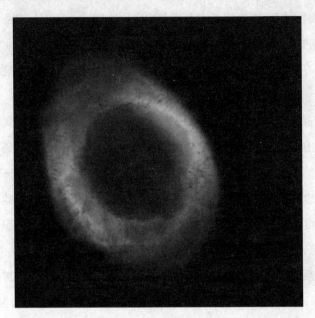

图 87　天琴座环状星云

行星状星云与宇宙中其他事物的确切关系我们现在还不得而知，但是有人认为它们可能与新星有相像的地方，二者都在向银河中心靠拢。行星状星云的中心和新星爆发后的中心基本是一样的，甚至有的新星四周也包裹着"云雾"状的气体。天鹰座新星于 1918 年爆发，随后天文学界观测到它的四周有一层气体包围，气体大约每天向外扩张 8000 万千米。

暗 星 云

明亮的星云被我们看到的原因是被其他的星照亮，没有被星光照亮的星云就是暗星云。虽然是黑暗的，但是它们还是被人类发现，因为明亮星云的衬托。在地球所处的银河系中也是如此，在明亮的银河中可以很容易找到暗星云的位置，因为它们的周围都是明亮耀眼的。

银河中最容易分辨出的暗星云就是沿着流向展开的那条黑暗"深渊"。很久之前，那时人们只能依靠星光在黑夜中定位方向，水手们感觉那片黑色的区域像是黑色的袋子，于是给那里取名"煤袋"。这条"深渊"把北端在北十字附近，南端在南十字附近的银河三分之一的长度一分为二，像是河中长长的沙洲。

人们一直认为银河中黑暗的部分就是银河的裂缝，通过裂缝可以看到银河另一端的宇宙。但是这种解释又有说不通的地方，如果裂缝可以通往银河的另一端，那为什么这个通道一直面向地球呢？而且周围明亮的星云一直在移动，裂缝按理说也应该随着移动，但是实际上裂缝几乎没有改变。对此越来越多的人持怀疑态度，有些人开始相信黑暗的地方并不是裂缝，而是暗星云，这批人中就包括叶凯士天文台的巴纳德。

从银河系的照片中可以看到美丽的宇宙风景，其中就包含数量庞大、形状各异的暗星云。银河的星光熠熠让我们目不暇接，特别是在蛇夫座区域，那里暗星云的排列让人叹为观止，这些暗星云距离地球几千光年，这样的距离放在宇宙中算是比较近的了。当然在银河系以外也存在暗星云。无论是暗星云还是亮星云，都被气体和宇宙尘埃笼罩，其中也可能有体积庞大的固体物质，这样的组成与我们曾见过的彗星和流星类似。有人甚至猜测太阳系内的流星和彗星可能是太阳从暗星云掠过时被太阳的引力吸引过来的。

第七章

星系和宇宙

第一节　银河系

图 88　人马座中的发射星云 M17——天鹅星云

在之前的章节里，我们讨论过星云，比如说，中心距离我们 5 万光年之外的人马座大星云（图 88），当然，还有距离相对比较近，也比较小的盾牌座星云。这些星云的平均直径为 1 万光年。然而，有的直径要小很多，有的直径远远超出三到四倍。但无论多大或是多小，在夏普利的观点下，都是"星系（galaxies）"，换言之，就是恒星和星云的大集合。

　　银河系的形状是扁的，中等大小。这个大集体囊括了我们平日里仰望星空便可看见的明亮的星星，在中等望远镜下可观看到的疏散的星团，除此之外，还有银河系边缘上紧密排着的或明或暗的星云。以星系群的其他部分可以判定银河系即为星云之一。我们日常所见的太阳属于银河系。银河系中有2000多亿颗恒星，太阳便是其中一颗平凡的恒星。然而，远在300光年以外的南天星座船底座（Carina）（图89）的方向中才是真正的中心。

图 89　船底座星云

　　在被我们称为银河系的巨大系统之中，众多的星云都形成了一个近似平面的形状。准确监测这个大系统的体积和大小是一件十分困难的事，而这件难事已经困扰了天文学家将近200年的时间。他们一直都想，也都在尝试去解决这个难题。为什么说这个问题如此之难？因为我们本身就置身于这个庞大的系统之中。假如能够换一个角度，伫立在这个系统之外，那所谓的难题就可以迎刃而解了。在以往，这个问题可以说是难上加难，毕竟，从前的我们无法测出较之环绕我们的天体更为遥远的天体。但这个系统却有一个有趣的特点，那就是天上的银河系在我们的可观测范围内。

有两种不同的方法来对银河系的结构进行探究。第一种是统计一些可供研究的数据，这些数据的来源就是天空中不同位置，但大小相同的星。该方法的首次使用人便是威廉·赫歇耳爵士，而威廉·赫歇耳爵士的这次研究也是首次在有计划的前提下对银河系的观察和钻研。这一次的研究，在他望远镜可观测到的范围内，数了 3000 个以上位置的星数。赫歇耳依据先设定某一方向星数多，那么某一方向星的范围大且远的假设，得出了银河系形似磨盘，轴垂直于银河平面 90 度，直径是约 6000 光年的结论（当时可用的比例尺）。但因为赫歇耳的反射望远镜只有 48 厘米，范围内的星距离都不是很远，所以，他的系统就很小。自此之后，该方法被运用了多次，现在这种计算应用在天空代表区域的照片上，当然，这是在望远镜的技术提升和方法改善之后。1928 年，威尔逊天文台的西尔斯（Seares）所宣布的就是最近的结果了。

测定全系统中各个角落物体之间的距离，是研究银河系构造的第二种方式。显而易见，想要制作一个能够代表它的形状和大小的模型，那么，我们就要知道整个系统多处的方向和距离。造父变星是一个十分有价值的星，而它又遍布于银河系的每个角落。为什么说它很具价值性？原因在于，有了它我们便可以测定其距离。银河系的考察在造父变星的协助和天文学家的一些最新发明之下，有了显著的提升和进步，哈佛天文台和其他的天文台也都在努力地研究。尽管时下的我们对于这个庞大的银河系统的体积、大小、形状有了相应的认知，但人们的意见尚不能统一，看法上依旧存在差别。

在前文中，我们提及过球状星团系统的可靠模型，这些球状星团所囊括的范围的直径大约是 20 万光年，与银河平面对称分布。假如说以人马座大星云的方向作为中心，球状星团就是银河系的整个轮廓，那么，这个系统的直径就是 20 万光年。

基本上可以预测我们的星系属于旋涡星云式，其依据是大多数的河外星系都呈现为旋涡星云状，若将此作为理论依据的话，旋涡各支与中心核的连接点就是人马星云，我们的小集团太阳系就处于边界到中心的道路中。

观测出来的证据表明，银河系与其他远处的旋涡星云同样以每秒320千米的速率旋转。而银河系现在正朝着仙王座的方向运转。还有一种观点，认为银河系是一个单独旋涡的星系，但这种观点其实是存在很大的疑问的。假定这种理论是正确的，那么就目前我们所了解到的众多星系中，银河系就是其中最大的，并且远远大于其他星系中最大的星系的5倍之多，如此巨大的差距，怎能不使人有疑问呢？由此可见，上述观点完全可以反驳这种差距如此之大的观点。

无论是大麦哲伦云还是小麦哲伦云，距离银河系都非常远，但是相对于其他的很多星团也算是近的了。大云大约有8.6万光年的距离，直径在1万光年以上，小云距离9.5万光年，直径6000光年，相对大云来说，更远一些。但是地球上的我们都能在天空中看见它们呈现出的光斑，只是由于它们靠近南极，因此北纬中部的人是看不见它们在地平线上升起的。当我们用望远镜观察时，会发现大小形似银河中星云的恒星、星团、星云以及其他我们所了解的状貌也在其中。如果它们身处银河平面，我们既不能将它们从其中区分，也无法依据它们的运动状态来想象到与我们的银河系均属于同一个星系群。

英国的莱特（Thomas Wright）发表过一个大星系的形状似平扁圆盘的理论，当然，是在赫歇耳着手于他闻名遐迩的天界考察之前（在此之前的20多年）。之后的1755年，又出现了一种较为先进的说法，由著名哲学家康德提出，他把银河系称为"岛宇宙"，依据在于他假设星云为独立于银河系以外的星系。但到目前为止，都没有有效的方法来测算出物体之间的距离，那么，这种理论的正确与否也就无从论证。

除了那些已经被证实为星团的物体，剩下的所有称之为星云的不清晰的物体我们都进行了分类，总共两个类别。第一类就是之前我们已经讨论过的"银河星云"，也就是真正的星云，它们聚集在银河一带。第二类是河外星云，也包括旋涡星云，它们布满整个天空，但唯独不包括银河附近，因为它们或是被暗星云掩盖，或是被银河平面的其他物质所吸收。

第二节 河外星系

1923 年开始，人们有了关于河外星系的准确知识，这些准确的理论知识是由哈佛的夏普利证明而来。他得出了一个理论：NGC 6822 的星云要比银河系任何部分都远，甚至是远很多。距离银河系足有 62.5 万光年之远，这与麦哲伦的说法很相近，也就足以证明"岛宇宙"的说法是正确的。

赫伯尔利用威尔逊山 2.5 米望远镜在许多的恒星照片中发掘出了造父变星。那么就意味着，它们之间的距离以及所属的旋涡星云的距离都可以进行测算。而为了确定造父变星的周期，就要经常给这些旋涡摄影，这就成为一件必不可少的事。也正是使用这种方法，1925 年，赫伯尔印证并对世人宣布了一个重要的理论：旋涡星云不在银河系内，并且远远地在其之外。可以说，这是天文学的又一个进步。

图 90　仙女座大旋涡星云

"仙女座大星云"是一个庞大的星系，它的距离是 80 万光年。尽管如此，我们依然可以在天空中利用肉眼清晰地看见它，而它也正是众多旋涡星云里，最闪亮的（图 90）。秋冬的夜晚，当我们仰望星空，只要你了解飞马座大正方形，那就可以很轻松地找到它。想象着这个正方形是一个勺柄朝向东北的勺子。呈现在人们肉眼中的是一个长形的微弱的光斑，光斑来自勺柄的第二颗星的东北点。虽然在望远镜中无法看出它的结构，但是在照片中，我们却可以很清晰地看见它是一个边缘向我们倾斜约有 15° 的平扁星云，而且，呈现在我们肉眼下的明亮部分还环绕着暗暗的盘。

图 91　旋涡星云 M33

旋涡星云 M33（图 91）的直径是 1.5 万光年，尽管它比仙女座星要近 5%，但是由于它更小，也就更暗，因此在邻座三角中，最近的旋涡星云 M33 也是肉眼无法观看到的。我们可以很清楚地观测到三角旋涡星云的构造，因为它是以平面相对于我们。在与核相对的方向，分散出支脉向同向同平面上弯曲。

在 2.5 米望远镜中，我们可以观测到的河外星系大概有 200 个，它们的距离有的低于 100 万光年，从这个距离一直到 1.5 亿光年均有。当然，我们可观测到的这些多数都是直径在 5000 光年到 1 万光年的旋涡星云，但有一个关键，就是要看它们弯曲得是否够紧。这些旋涡星云以各种不同的姿态呈现出来，有的像北斗附近的猎犬座的旋涡星云用面来对着我们，而有的则是用边。

用边来面对我们的是旋涡星云，它就像是带着一个暗带的纺锤，就跟银河系中的那个又暗又黑的尘云一样，特别是与那道长长的暗裂痕尤为相似。有的时候，看上去旋涡星云就好像被分成了两半。当我们用分光仪观察时，用边来面对我们的旋涡正和我们由其平扁而推理出的状况相同，一直在旋转着。仙女座旋涡星云核的自转周期大概是 1600 万年。

有较少的星系的形状像麦哲伦云一样，并且，还有很多是特别扁的椭圆形，有的长轴两端最大化地拉长，仿佛是用边来面对双重凸镜。再比如说还没有分为单个星系的"椭圆星云"，它的盘面有的差不多是圆形。由此可见，并不是全部的河外星云都是旋涡状。

恒星总是成群地聚集在一起，银河系也如此，我们称它为本星系群。我们的本星系群与飞马座中的一群星系十分相似，至少，人们一直是这样认为的。而目前我们所知道的星系群有 40 个，这些星系群的星系构成数量有的只有几个，但有的却有几百个。室女座附近就有很多好的证明。哈佛天文台近些时日所研究的半人马座大星系群中有很多星云大到足以与仙女座大星云这种巨大的星系一较高下。

自河外星系被世人认识以来，已经有很多年了，人们对它的了解虽然已经有很多，但是它还未被开发出的相关知识却依然不在少数。由恒星引发的问题同样在星云上也发生了。银河系周围环绕着许许多多的星，那么，这不难想象，无论是银河系还是本星系群都是一个巨大的系统，其构造之大难以比拟。

自从有了新一代的望远镜，尤其是哈勃太空望远镜以后，我们可以依据确实的观测资料来研究太空，靠大脑想象的时代终于结束，崭新的科技为天文学的伟大事业做出了巨大的贡献。

本星系群的中心是银河系，也有部分人将它的中心视为银河系和仙女座大星云 M31 的公共中心。它的半径大概是 300 万光年，这一半径范围内的所有星系构成了本星系群，如此巨大的群体，其总质量是太阳质量的 6500 亿倍，并且囊括了已知的和可能的成员大概是 40 个。不仅银河系和仙女座大星云这两个巨型旋涡星系身处其中，还有中型旋涡星系三角座星云、棒旋星系大麦哲伦云也在它的范围内。虽然本星系群并没有向中心靠拢的走向，十足的一个疏散群的代表，但是形成了两个以银河系和仙女座大星云为中心的次群，那么也就是说，其次群的构成也是三三两两聚集在一起的。

本星系群是本超星系团的一个成品。那么，何为本超星系团呢？本超星系团在近距离星系团的空间分布中可以观测到，它的直径是 30 ~ 75 百万秒差距，包含了大概 50 个星系团和星系群，中心是室女星系团，并且此星系成团现象的级别要更高一些。

第三节　膨胀的宇宙

对于河外星系的各种认知中，最令人惊叹的是，人们根据它们的光谱、光谱线的移动而预测出的河外星系离我们而去的速度。威尔逊山的天文学家发现并告知世人，在大熊座中有一个暗弱星系正在以每秒 1.1 万千米的速率飞离我们。利用分光仪观察更远的星系时，也不难看出，它们的速度明显地加快了。那么，也就是说，在将我们自身运动所带来的影响忽略不计的情况下，河外星系以它们最快的速率飞离我们，并且距离越远，速率就越大。比利时的勒梅特（Lemaître）计算并展示了一个数学公式，其意义就是为了表示膨胀的宇宙。此结构与我们在河外星系中所观察到的状况是相同的，越远的物体，远离我们的速度就越快。

当下，尽管"大爆炸宇宙学"众人皆知，但刚开始触及这些说法时，心中却是充满了疑问的。都说宇宙没有边界，时间总是永恒，既然如此，宇宙的大爆炸何时开始？爆炸点又因何而来？

什么是宇宙？即自然界中一切事物的总体。宇宙学是一个关于物理方面的内容，与哲学无关。其研究的内容也并非其自身，而是它整个的行为，当然，要根据天体来获取信息，观测、探讨研究它的过去与将来。既然研究的是过去与未来的问题，那么就要进行推理，而推理，就需要相应的依据。因此，我们设定两个"宇宙学原理"作为依据。第一个就是物理定律的普适性。人类所挖掘出并加以利用的所有物理学定律，无论是宇宙的哪个角落、什么时间都具有百分之百的适用性。第二点则是，宇宙在大尺度上是均匀的，并且，它不以任何一点为中心，在整个宇宙的任何方向及空间都具有相同的属性。换言之，无论是在哪个天体，按照统一的坐标和时间进行大尺度观测宇宙的现象和发展都与地球上所看到的相同；而事实证明，的确如此。例如，从星系团空间分布、射电源空间分布、宇宙背景辐射各个角度进行观察，其性质都是一样。

以下是关于以往出现过的宇宙模型的例子：

1. 牛顿静态宇宙论：时间如缓缓的细水，以匀称的姿态流淌着，空荡荡的空间里单薄得只剩下支架。不计其数的静态天体在欧几里得空间内均匀地散布。这个"直观"的宇宙存在于著名的奥尔伯斯佯谬（Olbers paradox，1826 年）：如果说宇宙的时间和空间都是无限的，各处的恒星，有生息，有灭亡，可数量密度却始终一样，那么，就不存在夜晚与白天，因为到处都是通亮的一片。

2. 等级宇宙论：天体及其系统在宇宙中呈现出一个成群结队的趋势。无论是像太阳系、星团、星系、星系团等这种在小尺度上的，还是在大尺度上的，都对宇宙均匀的不同方向同性的性质不予肯定，并将天体划分出一级高于一级的等级和层次。奥尔伯斯佯谬也因为不均匀而不复存在。而关于宇宙背景辐射的解释也就成了一个难题。

3. 稳态宇宙：此种说法意为宇宙是均匀的，各个方向均为相同性质，时间上不仅稳定，而且无论何时，其特征都无任何迥异。多普勒效应映射出红移，也由于到处在创造新的物质，宇宙而随之均匀地膨胀。可人们却心存疑虑，物质和能量是如何在虚无缥缈中产生的呢？

4. 静态宇宙模型：宇宙常数被引入到广义相对论引力场方程中，并只求出一个静态解。为何只求出一个静态解呢？此说法是在 1917 年由爱因斯坦提出，他认为宇宙就是静态的。他的说法是：宇宙是一个半径大约为 35 亿光年的封闭式三维"球面"，球面上均匀地分布着各种天体。其实，此种说法与哈勃定律完全背道而驰，宇宙函数也是一个多此一举的引入，爱因斯坦也因此将此函数视为一生中最大的失误。

5. 膨胀的宇宙学模型：膨胀的宇宙学模型是在偶然间得来的。1917 年，德西特钻研出一个真空静态的宇宙，其依据来源于广义相对论引力场方程，但他意外地发现宇宙随物质的增加而逐渐膨胀，从而，膨胀的宇宙由此诞生。1922 年，弗里得曼（A.Friedman）通过广义相对论推算出了一组不同的解，其中的每一个解都可以去阐述一个类型不同的宇宙。当下广被人们接受，并且被誉为"标准宇宙学模型"的大爆炸宇宙模型诞生于 1948 年，是由伽莫夫（G.G）研究而出。

第四节 大爆炸宇宙论

1929 年，哈勃得出一个结论，其来源于星系红移与距离的关系，这个结论是说：$Vf=Hc×D$，其中，Vf 表示远离速率，Hc 表示哈勃常数，D 表示相对地球的距离。哈勃定律表明，天体与退行速度成正比关系，也就是说距离越远，退行速度也就越大。不仅如此，无论身处哪个方位观测，天体都在远离我们。那么，就形成了三个疑问：第一，天体与退行速度成正比关系的原因。第二，此种退行在任何方向都是相同的情况，那是不是意味着我们就是这个宇宙的中心呢？第三，如若不是，那要用怎样的答案去解释这种情形？

星系膨胀涉及两种运动，我们可以这样理解，假如将宇宙中的星系看作是"分子"，那么"分子"具有其自身的本动速度，也就是流动元的无序运动速度，与之相对的就是它的膨胀速度。其反映的是物质在不同位置分布具有不均匀的性质，速度在每秒 500 千米。宇宙只有遵照哈勃定律而行，其均匀性才能得以保持。根据哈勃定律，只要距离超出 20 兆每秒，那么，膨胀速度就会高于本动速度。并且，哈勃定律所体现的是整个宇宙的膨胀规律，并非星系个体的运动规律。

我们可以利用两个例子来理解这个问题。吹气球时，气球会随着气体的增加而逐渐膨胀，无论我们在哪一个点观察，观察到的情况都是相同的，不存在中心，并且，其他的任意一点都在远离我们，而距离越远的速度也就越大。含有葡萄干的面包在发酵时，葡萄干的视觉感受也是一样的道理。也就是说，当面包发酵时，无论站在哪个葡萄干上观看，其他的每一个葡萄干都在远离自己，并且距离越远速度越大，无中心可言，所有的葡萄干的视觉都是相同的。

上述的例子说明了一个星系退行的真实状况，体现出宇宙随着时间的变化发展而不断地膨胀。时间是向前推移的，如果我们向后看，时间越往前，气球就会越小。那么，问题就产生了，宇宙的膨胀自何时开始的呢？

勒梅特（G.Lemaitre），比利时著名的宇宙学家、数学家，也是天主教神父，在 1931 年时，他提出了一个理论。说起这个理论，不得不提及大爆炸宇宙学，虽然他并没有把自己的理论命名为大爆炸宇宙学，但其意义是相同的，并且他在宇宙学中最有影响、最有成就的思想就是大爆炸。他认为，起初，宇宙中所有的星系是一个统一的原始原子，各个星系聚居在一起而构成，但原始原子骤然爆裂，所有的星系就散落在宇宙的各个角落，宇宙中纷繁的星系也由此而生。

伽莫夫（Gamow G.），俄裔美国人，1948 年，宇宙膨胀与元素形成被他有效地结合在一起，此结合奠定了大爆炸宇宙学。大爆炸宇宙学认为在大约 150 亿年前，宇宙大爆炸发生。宇宙虽然有限，却没有边界。

其实，宇宙的结构是一个逐渐演化而来的产物，也就是说，某一个时间之前，并没有所谓的宇宙。我们可以这样分析，将时间向前推移，有一天，宇宙的尺度仅仅是当下的百分之一，那么宇宙的密度就会是现在的 100 万倍，星系的密度就会小于宇宙的密度，那么星系将不复存在。

宇宙是一大片由微观粒子构成的温度很高的均匀气体，而时间越早，温度和密度就越高越大，当然这是在没有结构以前的宇宙。在温度高于 104K 时，中性的原子因粒子热运动能太大而无法形成。中性原子的形成温度是在 3000K 左右。其实，我们最早能够观测到的宇宙是 2.7K 背景辐射光子，这已经被视为历史遗迹了。它的形成原理是：当温度低于 3000K 时，中性原子由电子与原子核结合而成，作为散发光子的电子就不复存在。宇宙中的光子受电子的映射而散光，但没有了电子，光子也就得不到任何的映射，宇宙就是透明的，光子与物质无法密切配合；宇宙介质孤独存活，从而形成了 2.7K 背景辐射光子，也就是我们最开始看到的宇宙。

原子核的瓦解是在温度高达 1010K 时粒子发热碰撞使然。换言之，原子核与宇宙一样，都是逐渐演化而来。而起初的宇宙核合成的状态就是我们现在所观察到的 1/4 的氦丰度。

时间	温度（K）	时期	事件
0	无穷大	奇点	大爆炸
10^{-43}秒	10^{38}	普朗克时期	粒子产生
10^{-36}秒	10^{28}	大统一时期	重子对称形式
10^{-6}秒	10^{13}	强子时期	质子、反质子湮没
1秒	10^{10}	轻子时期	正电子、电子湮没
3秒	10^{9}	原初核合成时期	氢和氘形成
3×10^{5}年	3×10^{3}	解耦时期	宇宙透明化

标准宇宙的疑难

标准宇宙模型已经具备了坚实的理论依据，人们对此很是信服，并且与观测到的真实情况匹配度也极高。但仍然存在视界疑难、准平坦性疑难和磁单极疑难等这些根本的困难。

视界疑难

宇宙诞生的时候，会发出一个讯号，这个讯号在规定的时间内所运行的最多最远的距离就是视界。这个距离是空间两点之间彼此影响的最大距离，换言之，就是具有因果关系的最大距离，并且与宇宙的年龄成正比例关系。在标准宇宙模型下，大统一时代尺度范围囊括了（10^{26}）3=10^{78} 个没有因果关联的区域。原因在于，大统一时代的视界（3×10^{-26} 厘米）要比大统一时代的尺度（3 厘米）足足小 26 个量级。

一切事物的均匀分布都自有它的原因，对于我们所观测到的尺度范围以内的物质的均匀分布，其唯一的可能就是在彼此的影响下而保持平衡，最终得以均匀分布。但其中存在一个问题。对于没有因果关联的区域是不能彼此影响并获取相等的密度值的，那么，问题就产生了，既然如此，该如何在这 10^{78} 个没有因果关联的区域获取密度值？又怎能从中得以均匀分布呢？

准平坦性疑难

也就是说，最早的宇宙物质偏差小到令人难以想象，其物质密度与临界密度十分靠近，偏差之小竟达到 10 ~ 55 个量级。

长久以来令人们困惑的是：宇宙最初的物质密度因何而如此接近临界密度，此其一；其二是，宇宙最初的空间性质因何而如此靠近平直空间。如没有特别的体制作为坚实的后盾，那么，是断然不会想到这么靠近的偶然性的。

有关磁单极的问题

众所周知，电荷分正负。质子携带正电，电子携带负电。电偶极在正负电荷相差一小段距离时形成；虽然它的总体是电中性的，但是具有电偶极矩。所谓电单极，就是正负电荷。磁也像正负电荷那样有南北极之分，但从不以磁北极和磁南极独立表现出来，都是以偶极的形式体现。磁单极其实就是指带有净"磁荷"的粒子，也就是所谓的磁北极或磁南极。

20 世纪 30 年代，狄拉克在研究电荷量子化时对磁单极提出一个预言，这也是磁单极最早出现在大众的认知里。他认为，有了磁单极就可以很清晰地解释电荷总是电子电荷的整数倍的原因，并且这个解释顺理成章。大统一理论在这之后不仅再次预言了世上确有磁单极，并且，在这个理论的基础上，还测算出磁单极这个微观粒子的质量大概是 0.02 微克，要比质子高出 10^{15} 倍，竟可使用宏观精密天平来对其称重。

宇宙膨胀过程中，尽管磁单极密度在逐步减小，但也只是由于体积膨胀而增大，因此磁单极灭亡的概率几乎为零。按理说，现在的磁单极密度约为 2×10^{-8} 克每立方厘米，是不难寻找的。但事实却恰好与之相反，竟一个都没有找到。与此同时，由于磁单极的质量十分之大，以此计算出的磁单极对宇宙密度的贡献就是 3×10^{-16} 克每立方厘米，这是一个非常高的密度。那么，磁单极的疑难之点就产生了，按照如此之高的密度进行计算，现在宇宙的年龄就只有几万年，这简直是天方夜谭。

暴胀宇宙学

宇宙膨胀过慢，就是上述这些疑虑和困难的要点。只有找到一个体制，从而让宇宙在曾经某一个时刻内快速膨胀过，才能解决上述的这个疑虑和困难。1981 年，顾斯（Guth A.H.）提出了这种观点，他是提出这种观点的第一人，并将这种观点命名为暴胀宇宙学或暴胀宇宙模型。此后，这个模型得到了发展和进步。

大统一时代以前，宇宙属于真空的对称状态。首先举个例子，比如从气态到液态的变化。大气压下冷却到 100 摄氏度时的水蒸气，在其十分清澈干净的情况下，是不会凝结成水的，即使是继续冷却，也依然呈现气体的状态，不可能立刻产生变化，形成小水滴。一样的道理，当温度降到临界温度时，由于存在比较大的势能空间，即便是已经满足了对称态向破缺态相变的条件，但宇宙依然会保持着对称态。温度随着宇宙的膨胀继续下降，破缺态成为真的真空。但由于仍然存在较大的势能空间，因此宇宙还是呈现对称假真空的状态。由于宇宙在温度下降到临界点以下时，真空也会随之暂留于冷亚稳对称态。那么，在此期间，宇宙身处的亚稳对称假真空态的能量或质量密度不是零。

过冷状态其实就是对其最好的诠释，就好比零摄氏度以下的水就是温度更低的水。宇宙在一个过冷的状态下，真正起作用的是带有负压力，也就是排斥力的真空态，而粒子与辐射对宇宙膨胀的影响小之又小。换言之，排斥力主导了宇宙过冷真空态的整个阶段。宇宙的膨胀速度伴随着排斥力的影响而逐步加快，最终导致暴胀。

暴胀阶段的指数式膨胀要比标准模型早期宇宙的膨胀速度快得多。并且，根据大统一理论，我们可以估算出冷对称相的真空能量密度，由此可知，暴胀阶段可维持 10^{-32} 秒，甚至更多。也就是说，短时间内，宇宙尺度暴胀高达 10^{43} 倍。

大统一时代的尺度大出视界尺度 26 个量级，当然，这个尺度是与我们目前所观察到的尺度对应的。这个结果，是之前按照标准模型约算出来的。但其实这个结果，并没有将暴胀的因素考虑进去，依据现在的情形，将暴胀的因素加进去，那么，就相当于将尺度过高地估算了，并且高达 43 个量级。与我们现在所观察到的尺度相应的大统一时代的尺度仅仅是视界中微乎其微的一小部分，那么，在万事万物都受因果影响的情况下，所谓的视界难题也就化为乌有了。

无论是宇宙的初期还是现在，暴胀宇宙学的无量纲密度都十分接近于 1，那么，暴胀宇宙学就在用一种无声的语言告知人类，所谓的准平坦性难题得以破解，因为宇宙是严格平直的，是爱因斯坦 - 德西特宇宙。

其实，磁单极的疑虑和困难是不存在的，因为，磁单极本身就是一个不存在的物质。为什么这样说呢？因为，依据上述的理论，将暴胀考虑进去，加以分析，现在，我们所观测到的宇宙其实就是一个匀称的真空范围内的微小部分，而这个真空区域来源于暴胀之前的一个破损。而磁单极又是各个不同真空区域交界处的一点，这很显然，它就接近于不存在。但这并不等于磁单极不可以存在，我们之所以至今没有找到它的踪迹，是因为宇宙并没有给予它一个可以形成的环境和条件。

暴胀宇宙学采用粒子物理中的真空相变理论，虽然只是对宇宙初期（ 10^{-34} ~ 10^{-32} 秒）进行了小规模的整改，但不仅轻松处理了标准宇宙学的几个疑难杂症，还对它原有的成果完好地保存下来。不仅如此，暴胀宇宙学还做出了一个大胆的推断，宇宙中大多数都是非重子物质，也是宇宙暗物质的主要构成。

第五节　宇宙微波背景辐射

彭齐亚斯和威尔逊的贡献

1978 年，彭齐亚斯（Penzias）和威尔逊（Wilson）获得了诺贝尔物理学奖，此奖项缘于 1963 年初，二人为了进行射电天文学研究，将一台卫星通信接收设备改装成射电望远镜。为了达到更高更好的研究效果，必须不厌其烦地屡次提升测量的精度并降低系统的噪声温度，直到天线温度测量值的整体误差小到 0.3K，3.5K 的宇宙背景辐射才显现于人们的视野。因为它是宇宙大爆炸时余留下来的残骸，所以成为大爆炸理论的最具价值的观测证据。关于现代宇宙学的伟大发现，第一可说是哈勃发现河外星系的红移，第二就是当之无愧的 3.5K 的宇宙背景辐射。这个 20 世纪的伟大成就得到了大众的一致认可，瑞典科学院指出，此发现具有根本性的价值和意义，也通过它了解到宇宙开创时期的相关讯息。

迪克与发现失之交臂

1978 年，彭齐亚斯和威尔逊的发现获得了诺贝尔物理学奖，正是因为他们的发现，迪克错失了良机。自研究宇宙学开始，迪克就不认可伽莫夫提出的大爆炸宇宙学。他认为宇宙是重复地膨胀和收缩的永久振荡模型，而现在的宇宙正值膨胀阶段。他让研究生皮布尔斯计算振荡模型里宇宙温度的变化方式，因为他做了一个大胆的猜想，能够观测的背景辐射会在宇宙的"振荡"过程中留有余存，而最终的计算结果得出宇宙中布满了温度为 10K 的背景辐射。但有趣的是，迪克早在 20 年前就发现了温度为 20K 的"宇宙物质辐射"，突然意识到这种微波背景辐射极有可能就是"振荡"过程中残存下来的。故而，1964年，他鼓动两位研究生对这种辐射进行探寻，尽管已经为此制作了射电望远镜，但还没等到观测就已经被彭齐亚斯和威尔逊早一步完成了。

彭齐亚斯和威尔逊的同事、工程师奥姆（E.A.Ohm）也和迪克一样，与这次发现失之交臂。奥姆利用贝尔实验室的喇叭状天线进行测量时，不仅发现了3.3K的多余噪声温度，而且在1961年时于《贝尔系统技术杂志》上发表出来，但遗憾的是，并没有引起大众的关注，毕竟实验误差远远大于这个多余的噪声温度，而且对通信也并没有什么影响。

大发现

20世纪60年代，彭齐亚斯和威尔逊在贝尔实验室所做的射电天文研究其实与天文并无关联。当时的研究任务就是为回声卫星计划而建造的6米角形反射天线进行调试。所测的亮度必须是天线指向天顶时的亮度，才能对背景噪声加以界定。而温度又是用来对天线所测亮度的表示，也就是在这个温度下相同频率的黑体辐射的亮度。彭齐亚斯和威尔逊测到的温度中有2.3K源自大气层，0.9K源于天线内的欧姆耗损，但总共是6.7K，那么，余下的3.5K就找不到根源了。

贝尔实验室除了彭齐亚斯和威尔逊这两个人以外，其他的人都不在意天线中不明噪声这个老问题，两个执着的人，为此付出了很多心力。为了弄清楚它的来路，尝试过很多的方法，竟然有一次还把天线拆开，的确有所收获，意外地发现了一个鸽子窝，铲除了它们的粪便，让它们搬了家，可尽管如此依旧没有找到噪声的源头。由于多次努力和尝试都没有在电线本身发现问题，于是，二人便断定此噪声必定来源于远处的辐射信号，但也仅仅如此，对于它的重大意义并没有意识到。普林斯顿大学的宇宙学家们很清楚温度是3K的微波背景所具备的深意，而对于彭齐亚斯和威尔逊这两个人来说，无疑是一件头等幸运的事，因为贝尔实验室与普林斯顿大学邻近。二人在与宇宙学家们探讨后，双方都撰写了关于此事的论文，并在同一期的《天体物理杂志》上发表。

大爆炸宇宙论的预言因微波背景辐射的发现而得以印证，人们也逐渐开始认识宇宙的图像。所以，微波背景辐射毫无疑问地成为宇宙发展史上的重大事件之一。

地球上我们所见的物质由分子构成，分子由原子构成，原子核由质子和中子构成。原子核周围环绕着电子和质子，它们的数目是相等的，但被电离时，原子周围的一些电子会被剥掉。原子是可以发光的，我们通过对星光的观察，不难看出，原子组成了恒星。天文学家做了一个假设物质形式，叫作暗物质，是一种因为过暗而不能被辐射，从而不能被人们观测到的物质。为什么天文学家会做出这样的假设呢？因为在他们观测星系外部或者是整个星系团这种更大的天体时，发现了一个问题，发光的气体环绕恒星中所见的物质量无法凭借引力将这些天体牵制起来。

最新的观测数据表明，临界值是物质和能量的总密度取平坦宇宙的所需值。总临界值中，本质未知的暗能量约占 2/3，物质约占 1/3。普通物质是总数的 5%，明亮恒星却仅仅是 0.5%。那么问题就产生了，普通物质既然不在明亮恒星中，那又身居何处呢？Con-X 将会检验那些失踪的普通物质，其主要的构成备选是热星系际气体的假设。而更大的难解之谜则是那些并非由原子构成的暗物质的本质。在大爆炸后，部分暗物质由中微子构成。由于它的质量具有不确定性，所以，对于它的占比也很难界定，但依据天体物理观测可以得出，中微子并不能代表暗物质的大部分构成。冷暗物质是相比之下，运动比较缓慢的粒子或天体，人们认为这是除中微子构成的暗物质以外的其他暗物质的本性。但是什么决定了冷暗物质的本性，却依然是一个未解之谜。

第六节　宇宙的构成

宇宙中的物质和能量是由 2/3 的暗能量组成，这种暗能量的形式是未知的，它能加速宇宙的暴胀速度。剩余的 1/3 是由暗物质构成的，它的主要成分是冷暗物质，这种冷暗物质是宇宙形成初期残存下来的缓慢运动基本粒子。所有形式的普通物质只占总体大约 5% 的比例，恒星内仅仅有 1/10，像碳、氮、氧等，在周期表中略重的元素是微乎其微的。根据相关证据的最近更新，说明中微子是有质量的，并且它在宇宙中的占比是和恒星可以画等号的，人们便因此对暗物质有所认知，并得到了更多的了解。

引力透镜对于天文学的研究起了至关重要的作用，更是天文学研究史上的最具价值的工具。它可以有效地观测星系团中和一些环绕在个别星系周围的暗物质的分布。针对大天区星系的广泛调查，在未来的十年里，LSST 和其他望远镜的观测，就可以提供超团尺度暗物质分布的透镜数据，此数据的诞生，使人们在大尺度的结构了解上迈了跨越性的一步。

暗物质最具可能性的构成是，两个质量相差超越 57 个量级且具有不确定性的候选：第一个是诞生早期所残存下来的基本粒子；第二个就是恒星大质量致密晕天体，也就是 MACHOs。

当 MACHOs 在背景恒星前面经过时，背景恒星的光会更加耀眼。从而，理论学家们推断，虽然由于 MACHOs 过暗，我们无法利用它们自身的辐射进行观测，但引力透镜却可以实现这个任务。在以往的十多年间，几组探测小组利用微透镜，观测到了这个状况。之所以称之为微透镜，是因为透镜的质量要比星系小很多很多。直到现在，针对 MACHOs 的典型质量最好的预估，就是要比太阳小一点，而我们始终都无法准确地测量 MACHOs 的本性，到底是普通物质构成的恒星还是陌生物质构成的天体均不得而知。恒星的视运动利用 MACHOs 形成图像，我们便可以通过 SIM 来测算 MACHOs 的质量。对于微透镜的探究，还有几个附属产品十分重要，比如说，通过被透镜恒星的表面分析，从而利用微透镜观察并探究像地球大小的恒星。

MACHOs 对银河系中的暗物质到底有多大的贡献，我们尚不清晰。目前的情形是，全世界的实验室都在努力寻找，希望能够找到一种粒子暗物质，将我们与银河系紧紧地牵制起来。因为，假如 MACHOs 的构成是普通物质，那想要利用它们来对目前所知道的存在于宇宙乃至是银河系中暗物质的主体进行说明是不可能的。致冷的暗物质搜寻者 II 和轴子实验是当下美国正在进行的重要项目，前者是搜寻中性伴随子的粒子，这种粒子貌似拥有原子质量。在这里不得不提起超弦理论，它的目的是希望将引力与其他的自然力量结合起来；而超弦理论预言了中性伴随子的存在。后者搜寻的是一种非常轻的暗物质粒子，被称为轴子。中性伴随子或轴子是可以将银河系牵制在一起的暗物质，假如能找到这两种暗物质，那既可以说明天体物理学中的暗物质问题，还可以为自然界中基本力和粒子的统一带来希望。

第七节 宇宙的构造

在大爆炸刹那间，微小的量子发生涨落留下了一种种子，这种种子就是星系尺度下的宇宙结构的种子。然而，只有探究出现的星系如何在空间分布，才能研究出这些种子是怎样成长为宇宙的大尺度结构的。一些包括了极少星系的大空洞和另一些尺度高达 300 亿光年的星系密度增高区域在十多年前的星系巡天中得以显露。另外还说明了一点，宇宙在密度发生大起落的极限尺度上是平整顺滑的。尤其是正在进行的斯隆数字巡天（SDSS），会提供靠近宇宙中的相比之下更加精准的星系分布图。

宇宙微波背景（CMB）辐射深深地印在宇宙最古老的辐射中，而它也正是引起初期涨落最直观的证据。大爆炸后的数十万年，这种辐射发生，但此时的温度要低于太阳的表面温度。现在这种辐射的温度是绝对零度以上，3℃左右，降低了大约 1000 倍之多，造成温度降低的原因就是宇宙膨胀引起的冷却。1989 年，通过发射宇宙背景探测者卫星（COBE）而做出的观测，为宇宙学推测基本模式提供了坚实的依据，也成为宇宙学后续研究工作的基石。这次观测得出了关于辐射的一些相关数据，此数据表明此辐射具有黑体谱，而这个黑体谱，曾经有过理论上的预言。与此同时，COBE 的数据也将辐射强度中微小的空间涨落加以展示，而宇宙中的大尺度结构就是由这种密度涨落所引起的。

COBE 卫星只能观测计算背景辐射中最大尺度的结构，因为根据设计，它的角分辨率是十分低的。宇宙中包含的所有物质和能量决定着背景辐射中较小尺度的特点，配合着 SDSS 和相关超新星搜寻较低的红移类研究，宇宙的所有基本性质，像年龄、囊括的物质和能量密度等都可以通过这些数据加以准确界定。物质和能量的总密度与宇宙几何平坦所需的数值是十分靠近的，这是最新的观测现象。背景辐射研究的敏感程度将会在美国国家航空与航天局（NASA）的 MAP、ESA 的 Plank 巡天卫星、地面宇宙背景成像器以及未来的气球观测下得到大幅度的提升。不仅如此，还要高标准、高准确率地测量宇宙学基本参数，而且，现在广泛传阅的宇宙学理论也会被这些设备进行严苛的验证。居间星系团内产生的热气体所属的背景辐射谱变形也会通过地面研究进行观察和测算。研究人员在 Con-X 的配合下，通过对这种热气体的观察来测算出这些星系团的距离，制约哈勃常数值，探究宇宙的大尺度几何。

大爆炸后刚开始的一瞬间激起的引力波所造成的影响，会导致背景辐射产生偏振。那么，在这些设备研究的初期，宇宙微波背景的偏振就成为其中的一部分。CMB 卫星的更新一代，不仅可以愈加准确地观测界定这种偏振的性质来直接对流行的暴胀宇宙学模型进行研究，还能对宇宙初期时，大大超越地球上加速器所能实现的能量下发生的物理过程加以说明。

第八节　宇宙演变

　　人们对宇宙的了解是极其渴求的，甚至有人希望可以将对宇宙的认知达到量子起落，也就是粒子之前，此时的量子涨落可以说是宇宙中最大的。但正如之前所讨论的那样，大爆炸理论只能接受我们追溯到开始以后的数微秒，也就是宇宙的演化直到它仅仅是基本粒子混合物的那一刻。我们可以利用观测红移来测算大爆炸以来宇宙的膨胀。红移与膨胀成正比例关系，换言之，天体发光的红移越大，来自该辐射发出的宇宙膨胀就越多。辐射的发射时长取决于宇宙钟的定标，即红移和时间的关系。通过光速将时间转变为距离，由此来确定宇宙的空间是平直的还是弯曲的。哈勃常数的值可以利用 HST 和其他望远镜来测算，其准确率在 10% 左右，而它的一个参数则确定了现在膨胀时标，红移和距离之间的关系也因此而得以表示。

　　只有了解了膨胀随着时间加减速的方式，才能从哈勃常数的测量值中推算出宇宙的年纪。那么，是什么决定了宇宙的膨胀历程呢？其中包括宇宙中物质的总密度，也就是普通物质和暗物质，还有可能的非零"宇宙学常数"，此常数其实就是宇宙中暗能量的一个代表。宇宙的几何性质，将来的命运，换言之，就是宇宙是会无止境地膨胀下去，还是最终崩塌，均取决于这些数值。

　　关于暗物质有这样的一个发现历程。起初，有人挖掘出一个方法，可以通过 Ia 型超新星亮度下降的速率来界定它的光度。有了光度就能利用亮度来计算出到超新星的距离。显示的结果是，如此弥远的超新星在视觉上比最初想象的还要暗，也就是说宇宙的膨胀快速前进着。加上一些其他的数据，通过对超新星的观察和测算得出：暗能量的占比可能是物质和能量总密度的 70%。然后，通过对宇宙微波背景涨落，证明宇宙确实是平直的，那么物质和能量的总密度就只能是它的临界值。根据星系团的质量估计，宇宙的物质密度大约是临界值的 30%，那剩余的 70% 就只能是暗物质的占比。由此可见，暗物质是通过两组分别观测才得以问世的。再加上上述测算出的哈勃常数值，以及物质和能量的估算数值，就能得出宇宙大概有 140 亿年的岁数。

　　暗能量的存在得以证明，而且还研究出了它的密度可以与物质进行竞争，可以说，这个发现是物理上的一个基本性的重大突破，意义非凡。宇宙微波背景观测可以为宇宙学提供更加精密的参数值，当然包括普通物质在内。采用 LSST 来挖掘出更多的超新星，利用地面或是其他空间望远镜观测，计算出更加准确、灵活的数据，从而达到高标准的宇宙时钟的界定。那么，这个时候我们夜以继日需要探讨的问题就变成了宇宙常数的界定，比如，它是爱因斯坦设想中的确实存在的常数，还是一些广泛传阅的理论下的一个随着时间变化的产物。总之，未来的人们会脑洞大开，竭力开拓新的知识层面，为宇宙学创造出更多的层面和可能。

第八章

寻觅地外文明

第一节 UFO

早在 19 世纪 70 年代就有发现"不明飞行物"（Unidentified Flying Object，缩写为 UFO）的记录。1878 年 1 月，美国农民马丁正在得克萨斯州的田间劳动，此时他发现一个在空中飞行的圆形物体。UFO 是出现在天空或者地表附近散发着奇特光线的飞行物体。美国空军部在一份文献中这样为 UFO 定义：这是一种性能、空气动力学特征以及一些特别的细节与人类目前所知的飞机或导弹不同的飞行体，它无法被肯定地认为是常见的气球、星体、鸟群等。

UFO 的出现并没有固定的规律而且通常会快速消失，加之声称见过它们的人可能还会有虚假的杜撰，使得最权威的科学家也不能完全解释全部的 UFO 报告。美国空军曾用了 22 年的时间来执行一项关于 UFO 的著名计划——"蓝皮书计划"。那是在 1948—1969 年之间，美国空军对 12600 件目击报告进行了深度解读，其中 12000 件报告中的主角被确定只是飞机、气球、云彩、流星、鸟群、人造卫星及光线反射等，而不是目击者声称的 UFO，不过剩余的 600 个案例并不能用科学的角度来说明。

最后美国空军认定：UFO 也许是一种自然现象或者是一种幻觉。这样的分析是有迹可寻的，例如蓝皮书计划中的一个 1948 年发生的 UFO 事件："1948 年 7 月 24 日的凌晨 3 时 40 分，驾驶着 DC-3 型飞机的驾驶员和副驾驶，看见一个有着火箭或喷气之类的动力装置的物体迎面向他们飞来，在他们的右上方掠过之后失去了踪迹，整个过程大约有 10 秒。这个飞行物体没有翅膀或者机翼之类的装置，有着明亮的两排窗户，尾部喷射出长达 15 米左右的火焰。"而事情的真相是，这个奇怪的物体只是当夜发生的流星雨中的一颗流星而已。

事实上，人类的眼睛经常会欺骗自己。比如说，人们可能会把一些圆点看成是一条直线，或者把某些不规则形体的东西当成是自己熟悉的东西，抑或是在特定的角度或天气特征下，一个视力完全正常的人可能把天上的星或者飞机看成了奇怪的物体。曾经有个很有说明性的例子：天文学家门泽尔在 1955 年 3 月 3 日夜里驾驶着飞机靠近白令海峡的北极地带，他忽然发现在地平线的西南方一个闪烁着红绿两色光芒的明亮 UFO 正射向飞机。这个直径差不多有满月 1/3 的飞行物在距离飞机大约 100 米的地方停了下来，时而出现时而消失。门泽尔震惊了好一会儿才回过神来，原来这若隐若现的只是被群山挡住了光的天狼星而已。

根据物理学家康顿主持的一项大型学术活动的调查，蓝皮书计划结束了。长达 1500 页的蓝皮书计划调查结论是：没有切实的例子证明 UFO 是来自外太空的客人，所以没有必要继续调查下去了。

第二节　探索地球生命源头

海洋孕育生命论

根据恒星演化理论，我们似乎可以想象：初生的地球被含有氢的化合物——水蒸气、氨、甲烷、硫化氢、氰化氢等等的原始大气层包围着。也许还有溶解着大气中各种气体的液态水海洋。如果这个简单的世界想进化出生命，那么这些简单的分子需要结合成复杂的分子。而太阳光及其紫外辐射为这一过程提供了必要的能量输入，使小分子变成了大一些的分子。

美国化学家米勒和尤里在 1952 年做了一个获取较大分子的实验。他们将模拟出的地球原始大气中存在的一些小分子物质混合在一起，然后将这些混合物放在放电的环境中照射几个星期。在实验结束的时候，他们在这些简单分子混合物中发现了略微复杂的分子，其中包含制造重要化合物的氨基酸。不过穷尽人类的想象力，在这个实验中也没有产生即使是最简单的生命。能有这样的结果是很好理解的：因为我们用于做实验的仅仅是经过能源短短几周照射的几升液体而已。而在原始的地球上，阳光照射着所有的海洋液体已经有数十亿年之久。生命很可能是这样产生的：经过太阳不断地照射而产生的能量，使得海洋中的分子不再简单，而是复杂起来。终于有一天，某个可以把简单分子组成和它一样的另一个复杂分子的分子在意外之下产生了，这就是最开始的生命。经过不断地延续和演变，终于形成了现在的生命形态。

正如处于潮湿空气中的铁肯定会生锈一样，生命的出现也不是偶然的。我们可以肯定，它仅仅是因为各种分子用一个快捷的方式结合起来了而已。在原始地球上一定会形成生命的。尽管其他与地球物理和化学性质相似的任何行星不一定会出现有理性的生命，不过在它们之上会出现生命是毋庸置疑的。

"宇宙胚种论"

瑞典化学家阿列纽斯在 20 世纪初建立了电离理论学说，提出了宇宙胚种论。在他的学说中认为，地球上生命的开端是因为穿越了宇宙空间的能够长期处在宇宙的寒冷无空气状态的原始生命孢子来到了这个星球。他认为，辐射压力为生命孢子穿越星球的动力。根据这个学说，他坚信：生命在宇宙间的扩散是无处不在的。不过，在阿列纽斯理论中有两处矛盾：一是，虽然孢子能抵抗寒冷和真空，不过它们并不能阻挡宇宙空间或者是星球周围的紫外线和其他能量辐射，因此在这样的环境中孢子的生存就很难实现了。二是，孢子理论回避了如何形成生命孢子的问题，并没有真正解释生命的起源。就算地球上的生命起源是来自另一个世界的生命孢子，但是在那个世界最原始的那个地方又是如何起源生命的呢？

尽管有很多人质疑地球生命是天外来客的说法，但是后来的学者们还是提出各种假说。20 世纪 70 年代末，英国天文学家霍伊尔也认为生命的起源是来自遥远的外太空，而不是地球。也有人认为是彗星这种影响着地球的地外天体为地球带来了早期的生命种子。

生命的出现要早于地球的形成，在那时，整个太阳系还包裹在分子云的温床中。不过可惜的是，在太阳从分子云中"脱胎"而出的前一刻，它所发出的恒星风吹散了在它身旁围绕的原始物质。值得庆幸的是，这些原始物质并没有完全消失，在宇宙空间中还存在着一些研究生命形成的"化石"——分子云。在射电望远镜强大的远望能力下，这些分子云的辐射被捕捉之后，通过研究分子云在不同演化阶段的物理环境和化学成分，建立分子演化链，进而得到具体的形成过程。到目前为止，人类已经发现了包括一大部分有机分子在内的 90 多种分子。之所以当代的很多科幻作品都是用猎户座大星云为背景来进行创作，根本原因就是在银河系中，人类研究最多最细致的就是猎户座大星云。这个星云中已经有大约 60 种星际分子被发现。

第三节　探索太阳系

人类从来没有停止对外星生命的探索，最早被人类踏足的就是月球。关于月球，想象力丰富的人们提出了许多异想天开的设想。比如，月球上有着智慧生物，并且由此发生了很多故事。在另一些人的想象中，月球可能是外星人制造的神秘空心体。而月球的内部则是一个妙不可言的生态体系，深藏着一定文明的智慧生命等等；或者就干脆认为月球是外星人观测地球的航天站等等。这样的发散思维只是人类的自娱自乐，很快就被人们遗忘了。

事实上，一颗行星上想要产生和发展生命并不是那么简单的，需要有一系列生物可以生存的必要条件。可以这么说，如果没有自身发光、发热的恒星，行星上是不可能有生命的诞生、存在和发展的。在恒星演化理论中，恒星的形成是因为气体埃云收缩。在自身引力的作用下，密度很低的原始星云不断收缩，慢慢地成为一个自转的扁平圆盘，而密度增大的中央主要部分温度升高发生热核反应，形成了恒星，它周围的物质盘慢慢形成了行星系统。我们的太阳系就是这样形成的。

我们的地球因为距离太阳的位置等条件拥有充足的水和含氧量高的空气，还有比较适宜的温度。而水星却不一样，它的昼夜温差极大，白天酷热，夜晚极度寒冷。而金星浓厚的大气层主要是产生温室效应的二氧化碳气体，使得生物完全没办法在它身上生存。与地球条件相近的是火星，不过因为无法验证火星上是否存在水，所以那里至今似乎也没有生命迹象。截至目前对太阳系的探测结果表明，无论是木星和土星上或者是太阳系边远空域的天王星、海王星和冥王星，都没有存在智慧生命的迹象，也就是说，在太阳系像地球这样适合智慧生命栖息的星球是唯一的。

第四节　探索银河系

在太阳系寻找失败后，人们把目光放在太阳系所处的银河系。银河系已经存在 100 亿至 150 亿年，对我们来说它非常巨大，直径有 10 万光年的距离，其中包括恒星、气体和尘埃。银河系内的恒星有一千亿到两千亿颗，其中有数十亿颗同太阳的情况相似。人们推测与太阳相似的恒星中至少有几千万颗是存在绕行的行星的，这些行星里可能有几百万颗满足生命存在的条件，所以可能有几万颗行星孕育出了生命，我们保守地说太阳系中至少有几百颗行星有智慧生命的存在，他们很有可能和我们一样或者比我们的社会文明程度更高。

有这样一个猜测，在银河系经过的约 150 亿年中，如果存在有文明程度很高的星球，他们掌握了星际航行技术和星际通信技术，那么他们应该在 5000 万到 1 亿年的时间里占领整个银河系，就像科幻小说里说的那样进行星际殖民。然而现实中人们没有发现存在这样的天体和文明，并且我们所在的星球也没有确切的迹象表明地外文明曾经到过这里。由于距离太过遥远，人们在寻找太阳系之外恒星是否存在围绕其旋转的行星的过程中困难重重。天文学家在很早之前就找到了有效的理论方法：通过观察恒星是否存在摆动现象来判断其附近是否存在伴星。但问题是人类现有技术还不够成熟、不够可靠，所以观测的结果难以让人信服。相比于观测恒星摆动这种间接寻找行星的方法，人们更愿意相信"眼见为实"，即通过设备直接去"看"行星存不存在。第一颗红外天文卫星 IRAS 于 1983 年升空，它探索到了织女星（当然是一颗恒星）四周存在不少固体块，从温度来判断，它应该处于与太阳系形成早期相同的阶段。这些固体块将会发展成行星，如果条件适宜，生命和文明也许会出现。

"著名"的绿岸公式

美国西弗吉尼亚州在 1991 年 11 月举办了一次学术讨论会，主办单位是绿岸镇附近的国立射电天文台。会上，天体物理学家德雷克第一次尝试对探索地外智慧生命做定量分析。这就是后来被称为"绿岸公式"的著名方程。

德雷克提出的"绿岸公式"是这样的：$N=R \times ne \times fp \times fl \times fi \times fe \times L$。公式中，N 是等式右边 7 个数的乘积，表示银河系中可观测到的技术文明星球数。R 是每年平均诞生的恒星颗数，即银河系中类似太阳的恒星形成率（通常认为只有像太阳这样的恒星才有可能孕育出智慧生命）。ne 是在可能携带行星的恒星中，其生态环境适合生命存在的行星的平均颗数。fp 是指那些光度恒稳、能长时间照耀、满足形成智慧生命演化所需条件的恒星（即"好太阳"）颗数。fl 是已经出现生命的行星在可能存在生命的行星中所占的份额。fi 表示已经有智慧生命的行星的颗数，因为低级生命演化到智慧生命的概率毕竟很小。fe 是在这些已有智慧生命的行星中，已经达到先进文明的高级智慧生命的行星（能进行星际电磁波联络）的份额。L 表示具有高级技术文明世界的平均寿命，因为只有持续发展很长时间的文明星球才有可能进行星际互访。以乘积形式表示的"绿岸公式"中，一部分因子是不能确切定量的。如 R 这样的因子可以取近似值，而 L 这样的因子只能主观猜测了。因此有的学者认为，如果不算 L，剩余因子的乘积就是银河系中可检测文明的产率，也就是说在银河系中有 40 万 ~ 5000 万个高级技术文明星球。美国著名科普作家阿西莫夫也提出过类似"绿岸公式"的公式，在他的估算中，银河系中可能存在 53 万个文明星球。

"奥兹玛"计划

美国射电天文学家德雷克于 20 世纪 60 年代初率领团队监听地球之外的无线电信号，希望听到地外文明发出的信息。1960 年 4 月 11 日，该计划在美国国家射电天文台（前文提过的绿岸镇附近）正式开始实施，并被命名为"奥兹玛"计划。"奥兹"是古代神话中一个无人到达过的地方，那里极其遥远，但是人人向往，因为那儿有一位叫"奥兹玛"的公主。"奥兹玛"计划就代表着要努力探索浩瀚宇宙中的文明世界，聆听地外文明的声音。我们知道氢元素几乎是宇宙中存在最多的元素了，所以先进的地外文明应该对氢元素非常熟悉，他们必定也掌握了氢元素的种种特性，对于氢原子的波长应该是所有智慧生物共同知晓的。所以"奥兹玛"计划实施过程中所使用的 26 米口径的射电望远镜接收波长设定为 0.21 厘米，也就是氢原子的波长。射电望远镜的第一个监听目标是鲸鱼座 τ 星，它是一颗与太阳相似的恒星，距离地球 11.9 光年。一段时间后，他们并未发现任何有价值的信息。于是波江座 ε 星成为新的目标，射电望远镜接收到了一个很强的无线电信号，每秒脉冲数为 8 个，第一次收到信号的十天后，他们又接收到了同样的信号。但是德雷克和他的团队判断这个信号不是智慧生物所发出的。接下来的两个多月中，他们一直在苦苦搜寻，但是没有获得任何成果。虽然以失败告终，但是"奥兹玛"计划帮助人类在探索地外文明的路上迈出了坚定的一步。德雷克教授曾说，寻找地外文明是个漫长而艰巨的任务，就像大海捞针一样，必须使用最先进的射电望远镜同时监听地球四周的各个方向。时至今日，我们也只在不大的频率范围内监听了距地球比较近的数千颗星星，没有取得任何与外星人的联系，甚至不知道外星文明到底是否存在。美国哈佛大学天体物理学家保罗·霍洛威茨率领他的团队于 1985 年开始了一项探索地外文明的计划——"太空多通道分析"计划（META）。他们可以对 800 多万个不同频率进行监听并对监听到的内容进行自动化分析。

但是新的问题是监听频率多了几万倍导致工作量急剧增加，完成全天监听的周期变长，有 200 到 400 天。当时的世界各国纷纷加入这一计划行列，包括美国、苏联、德国、法国、加拿大、荷兰、澳大利亚等国。"奥兹玛"计划后，人们又提出了多个搜寻地外文明的计划。在不断的搜索和研究中，各国天文学家普遍认为地外文明应该出现在一个与太阳系类似的恒星系，所以找到这些星系中与地球情况相似的恒星会大大提高发现地外生命的概率。射电望远镜能监听到的最佳频率是 1000 ~ 10000 兆赫，在此频段干扰最小，信息传递准确性最高，所以其他智慧文明应该会选择此段频率进行星际交流。人类想与外星人取得联系的话，也应该在这个频段内多下功夫。但还是一无所获，地球上的天文学家们还在一直努力着。